KB067072

_____ 님의 소중한 미래를 위해

이 책을 드립니다.

십대를 위한
미래사회 이야기

다가올 미래사회, 무엇을 준비해야 할까요?

디지털 사회, 또 다른 세상을 만들어요

초연결 시대, 사람-사물-공간이 서로 연결돼요

이제는 상상하는 모든 것이 현실이 돼요

인공지능과 로봇, 인간을 넘어설 수 있을까요?

십대를 위한
미래사회 이야기

메타버스 시대의 청소년이 꼭 알아야 할 IT 교양

박경수 지음

메이트북스

메이트북스 우리는 책이 독자를 위한 것임을 잊지 않는다.
우리는 독자의 꿈을 사랑하고,
그 꿈이 실현될 수 있는 도구를 세상에 내놓는다.

십대를 위한 미래사회 이야기

초판 1쇄 발행 2021년 6월 15일 | **초판 4쇄 발행** 2022년 8월 16일 | **지은이** 박경수
펴낸곳 ㈜원앤원콘텐츠그룹 | **펴낸이** 강현규·정영훈
책임편집 안정연 | **편집** 박은지·남수정 | **디자인** 최정아
마케팅 김형진·차승환 | **경영지원** 최향숙 | **홍보** 이선미·정채훈
등록번호 제301-2006-001호 | **등록일자** 2013년 5월 24일
주소 04607 서울시 중구 다산로 139 랜더스빌딩 5층 | **전화** (02)2234-7117
팩스 (02)2234-1086 | **홈페이지** matebooks.co.kr | **이메일** khg0109@hanmail.net
값 14,000원 | ISBN 979-11-6002-335-0 43500

조금을 알기 위해서
많이 공부해야 한다.

• 몽테스키외(프랑스의 철학자이자 정치사상가) •

왜 10대가 지금
미래기술을 알아야 할까요?

📶 이 트윗 한 줄의 가격은 얼마일까?

여기 트윗 한 줄이 있습니다. 이 트윗 한 줄의 가격은 얼마일까요?

생뚱맞은 질문이란 생각이 들죠. 누구나 트위터를 할 수 있는데 말이죠. 그런데 이 트윗 한 줄이 실제로 거래가 되었습니다. 그냥 한번 생각해볼까요? 여러분의 상상력을 최대한 동원해 이 트윗 한 줄의 가격을 맞춰보세요. 참고로 이 트윗은 트위터의 공동창업자인 잭 도시가 2006년 3월에 올린 것입니다. 생각했나요? 여러분은 얼마에 이 트윗 한 줄을 살 건가요?

이 트윗은 지난 3월 22일 경매를 통해 1630.5825601이더리움에 팔렸습니다. 이더리움이란 가상화폐로, 판매 당시 가격으로 환산해보면 대략 33억 원 정도였습니다. 아무리 그래도 그렇지 어떻게 저 트윗 한 줄이 33억 원이나 될 수 있을까요?

지금 우리는 디지털 사회에 살고 있다고 말합니다. 하지만 사람들은 디지털 사회라고 하면 인터넷, 스마트폰, 컴퓨터 등으로 일상을 편하게 즐길 수 있는 점에만 주목합니다. 하지만 디지털 사회가 본격화되면서 우리는 이더리움 같은 가상화폐로 물건을 사고팔 수 있으며, 가상화폐 자체를 가상화폐 거래소에서 매매를 할 수도 있죠. 실제로 테슬라의 CEO 일론 머스크는 비트코인으로 전기차를 구매할 수 있도록 하겠다고 말하기도 했습니다. 그러면서 "테슬라 구입을 위해 지불되는 비트코인은 법정화폐로 전환되지 않고 비트코인으로 남게 될 것"이라고 말했습니다.[1] 이처럼 세상은 점점 우리의 기존 상식을 깬 새로운 일들이 일어나고 있습니다.

📶 디지털 파일도 거래되는 세상

앞서 이야기한 트윗 한 줄은 NFT라는 것인데요, NFT는 Non-Fungible Token의 약자로 '대체 불가능한 토큰'을 의미합니다. NFT는 2017년 블록체인 게임 '크립토키티Crypto Kitties'를 만든 캐나다 스튜디오 '대퍼랩스Dapper Labs'의 한 엔지니어가 개발한 것인데요, 이 토큰은 거래정보를 수정할 수 없는 블록체인 기술을 활용해 암호화되어 있어 기존의 디지털 자산과 달리 소유권이 부여됩니다.

말이 좀 어려우니 쉽게 이야기해볼게요. 컴퓨터에 하나의 그림파일이 있다고 가정했을 때, 이를 복사해 붙여 넣으면 동일한 그림파일을 하나 더 만들 수 있습니다. 이 파일은 소유권 없이 누구나 공유할 수 있고, 설사 이 그림파일을 누군가에게 판다고 해도 판매이력이 남지 않습니다. 하지만 NFT는 여러분이 그 그림파일에 대한 소유권을 가지고 있고, 만약 다른 사람에게 판매를 한다면 중고차 거래처럼 판매이력이 남습니다. 여러분만 소유할 수 있는 공인인증서 같은 것이죠.

일론 머스크의 아내이자 캐나다의 가수인 그라임스 또한 경매를 통해 디지털 그림 10점을 약 65억 원에 판매했습니다. 그것도 20분 만에 팔렸죠. 이뿐이 아닙니다. 디지털 아티스트 비플의 〈매일: 첫 5000일〉이란 작품은 경매에서 약 783억 원에 낙찰되기도 했습니다. 이 작품은 유명 인사를 희화한 작품으로 300MB 크기의 JPG 파일입니다. 디지털 아트이긴 하나, 어떻게 보면 수많은 파일조각에 불과한데도 말이죠. 더 놀라운 건 1년치 방귀 소리가 49만 원에 팔린 적도 있다는 것입니다. 정말 디지털 세상의 변화는 참 알기 쉽지 않습니다.

· 그라임스의 디지털 그림

📶 이제는 SNS에서 메타버스 시대로

이제 또 다른 세상으로 들어가볼까요? 디지털 기술의 발달은 또 다른 세상을 만들어줬는데요, 그것은 바로 아바타로 현실에서 하고 싶었던 것을 가상세계에서 해볼 수 있는 '메타버스'라는 것입니다.

메타버스는 메타(Meta)와 현실세계(Universe)의 합성어로 3차원 가상세계를 의미하는데 쉽게 말해 사회·경제적 활동을 할 수 있는 공간입니다. 미국에는 모바일 게임 플랫폼 로보블록이 있고, 우리나라에는 네이버제트가 운영하는 제페토가 있습니다. 이들은 국내외 10대들에게 선풍적인 인기를 끌고 있는데요, 아마 이 책을 보고 있는 10대들 중에도 메타버스에 이미 익숙한 사람이 많을 거라 생각됩니다.

로블록스의 경우 2020년 기준 이용자 수는 920만 명에 달하고 "9~12세 미국 어린이의 약 75%가 로블록스를 즐긴다"고 합니다.[2] 국내 서비스인 제페토의 경우에는 가입자 수가 2억 명을 돌파했고, 이중에서 해외 이용자 비율은 전체의 90%, 10대 이용자는 80%나 차지하고 있습니다. 가입자 현황만 봐도 메타버스가 앞으로 세상을 바꿀 잠재력을 충분히 보유하고 있는 것처럼 보이죠.

그렇다면 메타버스에서는 무엇을 할 수 있을까요? 이 가상공간에서는 자신의 아바타를 통해 사람들을 만나고 상품을 구매할 수도 있습니다. 뿐만 아니라 제페토 스튜디오를 통해 나만의 아이템을 만들 수도 있죠.

· 나만의 아이템 만들기

자료: 제페토 스튜디오

아이돌 그룹 블랙핑크는 2020년에 가상 팬 사인회를 제페토에서 열어 4,600만 명 이상을 만났습니다. 미국의 유명 래퍼인 트래비스 스콧 또한 에픽게임즈의 메타버스 서비스인 '포트나이트' 게임을 활용해 콘서트를 개최했죠. 이 게임에는 파티로열 모드가 있어 라이브 쇼를 진행할 수 있는데 이 모드를 활용한 것입니다. 50분 동안 총 5회 공연을 펼쳤고 2,770만 명의 관객이 참여했습니다. 공간 제약이 있는 현실세계에서는 상상할 수 없는 숫자죠. 또한 UC 버클리의 한 학생은 마이크로소프트의 '마인크래프트' 게임을 이용해 캠퍼스 설계부터 가상 졸업식까지 진행하기도 했습니다.

이 가상세계에는 현실세계에서처럼 가상 인플루언서도 있는데요, 미국 인공지능 기업인 브러드는 가상 인플루언서 '릴 미켈라'를 통해 2020년 한 해 동안 약 130억 원을 벌었습니다. 이제는 메타버스 속 가상 인플루언서가 바이럴의 중심이 될 날도 얼마 남지 않아 보입니다.

이처럼 메타버스는 과거의 가상세계처럼 현실과 동떨어진 것이 아니라 현실과의 밀접한 연결 고리를 가지고 있습니다. 메타버스의 이런 파급효과 때문에 빅히트엔터테인먼트·YG엔터테인먼트·JYP엔터테인먼트는 네이버제트에 170억 원을 투자하기도 했죠.

📶 미래기술을 알아야 하는 3가지 이유

지금까지 NFT와 메타버스라는 2가지 미래기술에 대해 알아 봤는데요, 이 2가지만 봐도 왜 우리가 지금 미래기술에 대해 알아야 하는지 알 수 있습니다. 이 책에서도 다루지만 앞으로 현금이 필요 없는 캐시리스 사회가 된다면 가상화폐가 이용될 수 있고, 코로나19 같은 전염병이 확산된다면 메타버스 서비스 이용은 급증하겠죠. 지금처럼 말예요.

우리가 미래기술을 알아야 하는 이유는 첫 번째로 우리의 일상을 더 편하게 하기 위해서입니다. 오프라인의 감성이 중요하다고 해서 디지털 사회에서 오프라인 서비스만을 이용할 수는 없습니다. 사회 변화에 맞게 관련 서비스를 이용할 줄 알아야 합니다.

예를 들어 무인주문기계인 키오스크가 쇼핑몰이나 패스트푸드점에 점점 많이 설치되면서 사람과의 접촉이 없어지고 있는데요, 만약 여러분이 키오스크 이용법을 모른다면 어떻게 될까요? 일상의 생활이 쉽지는 않겠죠.

드라이브 스루 또한 마찬가지입니다. 드라이브 스루나 스타벅스의 사이렌 오더를 모른다면 어떻게 될까요? 항상 매장에 들어가서 주문을 위한 대기줄에만 서 있겠죠. 하지만 내가 차량을 타고 있다면 드라이브 스루 매장을 찾아 편하게 커피를 마실 수 있고, 사이렌 오더를 알고 있다면 매장에 도착하기 몇 분 전에 스마트폰으로 미리 원하는 커피를 터치 몇 번만으로 주문하고 매장에 들어가서 바로 커피를 가지고 나올 수도 있습니다. 특히 시간이 부족한 사람의 경우, 붐비는 점심시간에 사이렌 오더를 이용하지 않는다면 점심 식사 후에 자신이 좋아하는 커피를 마시지 못할 수도 있지 않을까요?

두 번째는 상상력을 키워줄 수 있기 때문입니다. 미래기술은 우리로 하여금 새로운 것을 익히게 할 뿐만 아니라 상상력을 키워줄 수도 있습니다. 우리는 현재 존재하는 기술만을 이용하려고 하지만 사실 지금 우리가 누리고 있는 제품이나 서비스 속에 숨겨진 기술들은 우리가 머릿속으로만 생각하던 것들을 눈앞에 구현시켜줍니다. 그뿐 아니라 미래기술을 통해 앞으로 우리에게 어떤 세상이 펼쳐질지를 생각하게끔 해주기도 하죠. 특히 원래부터 상상력이 뛰어났던 친구들은 이런 미래기술을 보면서 '아, 이게 내가 상상하는 것들을 만들어줄 수 있겠구나'라는 생각도 할 수 있지 않을까요?

세 번째는 새로운 직업을 찾을 수 있기 때문입니다. 사람들은 대부분 지금 눈앞에 보이는 직업을 자신의 꿈으로 생각합니다. 그런데 지금 이 책을 보는 10대가 20~30대가 되었을 때는 그런 직업들 중 분명 사라진 직업들도 있을 것입니다. 그렇기 때문에 미래기술에 대해 이해를 하고 직업을 생각해본다면, 누구도 알지 못하는 새로운 직업을 찾을 가능성도 높아지죠. 그래서 미래기술을 아는 것과 모르는 것에는 큰 차이가 있습니다.

앞서 살펴본 NFT나 메타버스를 들어만 봤더라도 여러분은 앞으로 10년 후 세상이 어떻게 변할 수 있을지를 생각하며 새로운 직업을 꿈꿔볼 수도 있습니다. 지금은 가상 인플루언서가 사람들에게 낯설게 느껴질 수 있지만 앞으로 10년 후에는 가상 인플루언서가 인스타그램, 유튜브 등의 인플루언서를 대체할 가능성도 있기 때문이죠.

이뿐인가요? 그림을 잘 그리지 않아도 디지털 아티스트가 될 수도 있겠죠. 여러분만의 독창적인 생각을 디지털 파일로 잘 만들기만 한다면 말이죠.

또한 이 책에 나와 있는 것처럼 하늘을 날아다니는 플라잉카가 상용화된다면 플라잉카 운전사가 될 수도 있지 않을까요? 이 플라잉카 운전사는 택시 운전이나 비행기 조종에 필요한 역량과 또 다른 역량을 필요로 할 수 있을 텐데, 이를 미리 생각해볼 수도 있습니다.

이 책은 10대를 위한 책입니다. 지금의 10대에게 중요한 건 지식보다 상상력입니다. 지식 습득도 중요하지만 그것만으로는 불확실한 미래를 개척하기 어렵습니다. 과거에는 열심히 공부만 잘하면 미래가 어느 정도 보장되었던 때가 있었습니다. 하지만 지금은 어떤가요? 공부만 잘한다고 해서 지금의 10대가 30대 이후에 어떤 길을 갈지 예측하기란 쉽지 않습니다.

인공지능, 빅데이터, 블록체인, 가상화폐, NFT, 메타버스 등 수많은 기술들이 우리 눈앞에 펼쳐지고 있고 이런 기술은 지금 누구나 선망하는 직업을 사라지게 할 수도 있습니다. 이런 미래기술이 앞으로 세상을 어떻게 바꿀지, 세상이 바뀌면 지금의 10대는 어떤 꿈을 꾸고 어떤 것을 배워야 할지 고민해야 합니다. 특히 꿈을 꾼다면 지금 우리 주변에 펼쳐진 모습을 바탕으로 새로운 세상을 상상해봐야겠죠. 그래야 사회에 나갔을 때 밝은 미래가 펼쳐질 수 있으니 말이죠.

미래는 누구나 알듯 창의적인 인재가 필요한 시대라고 말합니다. 과거의 지식은 순식간에 사용될 수 없게 되어버리기 때문이죠. 우리에게 남는 건 무언가를 상상할 수 있는 능력입니다. 이를 뒷받침하기 위해 꾸준히 무언가를 상상하려는 습관이나 태도가 필요합니다.

지금도 수많은 미래기술이 누군가의 머릿속에서 나오고 있습니다. 그 모든 기술을 이 책에 담을 수는 없지만 지금의 10대가 꼭 알아야 미래기술을 가능한 한 다양한 시각으로 담으려고 노력했습니다. 이 책이 여러분이 앞으로 미래사회를 이끌어 나감에 있어 기초가 되길 바랍니다.

미래사회를 이끌어 나갈 인재가 되길 바라며
박경수

차례

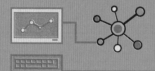

이제는 모든 것이 연결된 초연결 사회가 되었습니다. 주변을 둘러봐도 연결되지 않은 것이 없을 정도이죠. 이렇게 모든 것이 연결되다 보니 많은 것이 바뀌었습니다. 내 몸조차도 내가 알지 못하는 데이터를 쏟아내고, 기업들은 이런 데이터를 활용하며 새로운 사업을 만들고, 이런 변화에 맞춰 혁신을 꾀하고 있습니다. 지금 여러분 주변에서 사람, 사물, 공간이 서로 연결되어 어떤 변화를 만들어내는지 찾아보면 어떨까요?

1장

초연결 시대,
사람-사물-공간이
서로 연결돼요

SF영화는 정말 현실이 될 수 있을까?

⚙️ SF 영화 속 모습은 이미 현실로

어느 날 갑자기 미래는 어떤 모습일지 궁금해졌습니다. 이 때 여러분은 무엇을 하나요? 열심히 유튜브를 검색하나요? 아니면 미래 전망과 관련된 소설책을 찾아보나요? 아니면 영화를 보나요?

우리가 상상하는 미래의 모습을 눈으로 바로 볼 수 있는 것은 아마도 SF영화일 것입니다. 여러분은 SF영화를 얼마나 자주 보나요? SF영화에는 우리가 지금 책으로 배우는 것보다 더 많은 미래의 모습이 담겨져 있습니다.

〈마이너리티 리포트〉〈아이로봇〉〈아일랜드〉〈투모로우랜드〉 등의 SF영화는 미래사회를 잘 보여주는 대표적인 영화 중의 하나입니다. 지금 우리가 누리고 있는 일부 기술은 이미 영화 속에서 나오기도 했죠.

한 예로 로봇은 어떤가요? 사람의 말을 알아듣고 사람과 이야기하면서 감정을 표현할 수 있는 로봇도 나왔죠. 이뿐인가요? 아무것도 없는 공간에 무언가를 조작할 수 있는 컴퓨터 화면이 나타나 사람이 터치하면 조작이 가능하죠. 또한 자동차 앞유리에 내비게이션처럼 속도와 앞으로 가야 할 방향을 알려주는 헤드업디스플레이란 기능도 있죠.

이처럼 지금은 너무나 당연시 하고 있었지만 사실 10년 전으로만 돌아가봐도 우리가 쉽게 생각하지 못했던 다양한 기술들이 우리의 삶을 편리하게 만들어주었습니다. 이제는 영화 속에서 너무나도 자주 보던 하늘을 날아다니는 플라잉카도 개발되고 있죠.

여러분도 영화를 보면서 '플라잉카를 언제쯤 실제로 볼 수 있을까'라는 생각을 한 번쯤 해보지 않았나요? 영화 〈투모로우랜드〉에는 하늘을 날아다니는 열차도 나오는데, 만약 이런 열차가 나온다면 우리는 더 이상 '지하철'이 무엇인지 기억하지 못할지도 모릅니다.

이제는 영화뿐만 아니라 드라마에서도 이런 기술이 구현된 모습을 자주 볼 수 있습니다. 그럼 도대체 미래사회는 어떤 모습일까요?

SK텔레콤이란 통신회사에서 '가능성의 릴레이'란 광고를 한

• 영화 <마이너리티 리포트>

적이 있는데요. 이 광고에서는 미래기술이 우리 일상에 적용되었을 때 우리의 삶이 어떻게 바뀔 수 있는지를 잘 보여줬습니다. 특히 이 광고에는 사물인터넷이란 기술이 적용되었는데요. 사물인터넷은 사물과 사물, 사물과 사람이 인터넷망을 통해 연결되어 상호간에 소통할 수 있는 기술입니다.

이런 광고를 보면 '정말 이렇게 일상이 바뀔까?'라고 생각할 수도 있습니다. 몇 년 전의 광고여서 여러분이 이미 일상에서 경험하고 있는 현실의 모습도 있을지 모릅니다. 광고 속 텍스트를 읽으면서 장면을 상상해보고 광고 장면을 한번 보세요. 광고 속 텍스트를 통해 상상해본 모습이 광고 장면과 같은지 다른지도 비교해보고요.

· 광고 I

당신의 창이 당신의 아침을 깨우고

당신의 거울이 건강을 살피며

당신의 교실이 당신을 찾아갑니다.

자료: SK telecom '가능성의 릴레이'

· 광고 II

당신 대신 집을 돌보고

당신에게 필요한 것을 알려줍니다.

당신이 그리울 땐 가족이 되고

당신이 궁금할 땐 답을 줍니다.

자료: SK telecom '가능성의 릴레이'

이렇게 '사물인터넷'이란 기술이 적용된 우리 삶의 모습은 2011년
코닝의 〈유리와 함께한 하루〉, 마이크로소프트의 〈2019년 미래 모
습에 대한 컨셉〉이란 영상에서도 볼 수 있습니다.

・ **코닝과 마이크로소프트의 미래사회 모습 영상**

자료: 코닝, 마이크로소프트

사실 이런 미래의 모습은 지금 유튜브에서 우리가 너무나도 쉽게 찾아볼 수 있습니다. 유튜브에 '미래사회'란 키워드로 검색해보세요. 이제는 우주와 관련된 내용도 나올지도 모르겠네요.

⚙️ 경기의 오심도 막는 미래기술

이렇게 멋진 미래사회의 모습들이 이제는 조금씩 우리 일상에 스며들고 있습니다. 그 대표적인 분야가 바로 스포츠입니다. 축구 경기를 예로 들어보겠습니다.

축구 경기를 보다 보면 화가 날 때가 있죠? 언제인가요? 바로 잘못된 판정을 내릴 때이죠. 지금이야 축구 경기에 비디오 판독 기술(VAR)이 도입되어 오심 가능성이 많이 줄었지만, 이런 오심은 얼마 전까지만 해도 축구 경기를 관람하는 사람들의 기분을 언짢게 했습니다.

• 골콘트롤 카메라와 시계

 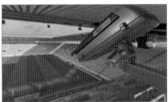

자료: 골콘트롤 사이트(goalcontrol.de)

2014년 브라질 월드컵 때에는 오심을 줄이기 위해 '골콘트롤'이라는 기술이 도입되었습니다. 골콘트롤은 골이 실제로 들어갔는지를 분석하는 기술입니다. 이 기술은 경기장 안에 있는 14개의 고속카메라를 통해 공이 골 라인을 통과했는지를 알려줍니다. 경기장에서 빠르게 움직이는 공의 움직임을 파악해 공이 골 라인을 넘어갈 경우 심판이 차고 있는 시계가 진동합니다. 그리고 '골'이란 단어가 액정화면에 뜨죠.

지금은 이 기술이 발달해 VAR이 도입되면서 골 여부를 더 명확하게 판단할 수 있게 되었습니다. 독일의 뷰vieww라는 회사에서는 iReplay라는 제품을 통해 축구장에서 일어나는 모든 것을 세부적으로 파악해 빠르게 결정할 수 있는 시스템을 만들었습니다.

다음의 축구 경기 장면을 보면, 한 명의 축구 선수의 모습을 정말 다양한 각도에서 보여줄 뿐만 아니라 공의 궤적이나 속도까지도 볼 수 있음을 알 수 있습니다.

• iReplay를 통해 본 축구 경기

자료: vieww.com

이처럼 지금 우리가 살고 있는 사회는 최첨단기술로 모든 것들을 감지할 수 있습니다. 사람, 사물, 공간이 모두 연결된 사회가 된 것입니다. 이렇게 모든 게 연결되면 어떤 일이 벌어질까요? 집에서 차키를 가지고 문을 여는 순간, 엘리베이터가 작동해 여러분이 있는 층으로 오고 지하주차장에 갔을 때는 차량의 시동이 자동으로 걸리는 상황이 벌어지지 않을까요?

여기서 더 나아가 여러분의 몸이 좋지 않을 때 자동차가 여러분의 몸 상태를 파악해 알아서 히터를 켜주고, 내비게이션에는 주변 병원이나 약국의 위치를 알려줄 수도 있지 않을까요? 지금도 원격시동으로 차량의 시동을 걸고 히터를 켤 수 있지만, 미래에는 여러분이 어디에 있고 어떤 상황인지를 판단해 조작을 하지 않아도 자동차가 스스로 이런 것들을 해줄지도 모릅니다.

최근 한 가전업체에서는 냉장고의 식재료를 확인하고 그에 맞는 요리법을 추천해주는 냉장고를 출시했습니다. 게다가 어떤 재료가 없으면 바로 주문할 수도 있고 유통기한이 얼마 남지 않으면 알람을 통해 알려주기도 하죠. 이런 스마트한 냉장고가 더 발전한다면 어떤 냉장고가 나올까요? 시간이 조금 흐르면 냉장고랑 대화할 수도 있지 않을까요? 그날의 날씨와 여러분의 기분을 파악해 그에 맞는 요리를 추천해줄 수도 있지 않을까요?

이제는 여러분 주위를 둘러싼 모든 것이 연결되어 여러분에게 가장 적합한 제품이나 서비스를 추천해줄 날이 얼마 남지 않은 것 같습니다. 이제 주변에 얼마나 많은 것들이 우리와 연결되어 있는지 알아보러 가보죠.

미래기술을 쉽게
알려주는 유튜브 채널

미래기술, 미래사회, 트렌드 등 미래에 대해 알 수 있는 다양한 유튜브 채널이 있습니다. 그중에서도 청소년들이 보기에 적합한 유튜브 채널 3가지를 소개해보려고 합니다.

① 미래채널 MyF

월말 미래테마 뉴스, 미래 도서 리뷰, 미래 생활 디자인, 미래 예보 등 미래와 관련된 다양한 내용을 다루고 있습니다. 뉴스처럼 쉽게 미래기술에 관해 설명을 해줍니다. 최신 기술에 대한 내용을 빠르게 접할 수 있는데요, 최근에는 'AI-로봇 물류조립 챌린지 대회! 과연 성공했을까요?' '메타버스가 정말 뜰까? (그냥 투자 마케팅 아님?)' 등의 영상이 업로드 되었습니다.

② TED

너무나도 유명한 채널이죠. 최근에는 다양한 콘텐츠를 다루는 유튜브 채널들이 많다 보니 TED 영상에 대한 관심이 덜한데, 여전히 TED는 어떤 다른 채널보다도 유익한 콘텐츠를 다루고 있습니다. 기술, 과학뿐만 아니라 엔터테인먼트, 디자인, 비즈니스 등의 여러 카테고리를 다루며, 과거 영상들도 최신의 기술을 다루고 있어 언제 봐도 좋은 채널이라 생각됩니다.

③ tvN 인사이트

tvN에서 방영되었던 다양한 강연 내용을 유튜브에서 보여주는 채널인데요. 이 채널에서 다루고 있는 내용 중 '미래수업'과 '월간 커넥트' 카테고리에 있는 영상은 미래기술뿐만 아니라 미래사회·경제 전망에 대해서도 다루고 있기 때문에 쉽고 재미있게 볼 수 있습니다. 이 카테고리에서는 암호화폐, 인구감소, 자율주행, 코로나 이후의 변화 등을 다룬 영상이 있고 최근에는 인류의 마지막 블루오션, 우주에 관한 내용을 볼 수 있습니다.

이외에 YTN 사이언스, 세계미래포럼, KIRD국가과학기술인력개발원 채널에서도 조금은 딱딱하지만 미래기술이나 미래 강연 영상을 볼 수 있습니다. 위의 3가지 채널을 통해 미래에 대해 흥미가 생겨 좀더 깊이 있는 채널의 영상을 본다면, 여러분 스스로 미래사회의 모습을 그려볼 수도 있지 않을까요?

사람뿐만 아니라 가축의 모든 데이터가 수집된다면?

⚙️ 역전승도 쉽게 만들어내는 첨단기술

제34회 아메리카컵 요트 대회에서는 기적이 일어났습니다. 1대 8로 뒤지고 있던 팀이 경기 막판에 8연승을 하며 9대 8로 역전 승을 한 것인데요, 도대체 어떻게 이런 일이 일어날 수 있었던 것일까요? 여러분도 알겠지만 스포츠 경기에서 역전승은 사실 쉽지 않은 일입니다. 게다가 1대 8이었다면 더욱 그렇죠.

우승의 주역은 오라클팀USA였는데요, 그 원동력은 바로 사물인터넷 기술이었습니다. 이 팀의 요트에는 400개 이상의 센서가 부착되어 있어 풍속, 풍향, 돛대의 상태, 배의 움직임과 관련한 수많은 데이터를 받아볼 수가 있었습니다. 이 데이터를 요트정보 분석팀이 빠르게 분석해 최적의 코스를 제시한 것이죠.

· **오라클팀USA의 요트**

자료: 오라클팀USA 미디어 사이트

게다가 이 요트에는 선수들이 요트 운행에 필요한 정보를 태블릿으로 받아볼 수 있도록 총 6개의 태블릿이 장착되어 있었습니다.

또한 선수들에게는 PDA와 시계가 있어 각 선수별로 필요한 정보를 제공할 수도 있었죠. 오라클 관계자는 "돛을 관리하는 선수에게는 돛대 관련 정보가, 운행을 하는 선수에게는 요트 운행 관련 정보가 전송됩니다. 모두 실시간으로 정보를 전달받아 분석할 수 있는 사물인터넷 환경이 열렸기 때문에 가능한 일이지요"라고 말했습니다.[3]

단순히 요트에 있는 선수들이 각자의 역할을 잘 알고 실행한다고 해서 우승할 수는 없겠죠. 우승을 위해서는 그 이상이 필요한데, 그 역할을 사물인터넷이 해준 것입니다. 이 사물인터넷의 핵심은 데이터인데, 바로 이 데이터가 우승을 위한 기반을 마련해준 것이죠.

⚙ IT기술이 만들어낸 데이터 경제 사회

지금 우리는 데이터 경제 사회에서 살고 있습니다. 모든 것들이 다 기록이 되죠. 다른 분야에서 데이터가 어떻게 활용되는지 한번 볼까요? 예를 들어 여러분이 먹고 자고 운동하는 모든 것들이 기록되는 앱이 있다면 어떨까요? 미래사회는 점점 스스로 자신의 생활습관을 바꿀 수 있는 방법들이 더 많아질 것으로 보입니다.

미국의 아주미오Azumio라는 회사에는 아르거스Argus라는 앱이 있습니다. 아르거스는 앞서 말한 것처럼 수면시간, 운동량, 식사량, 칼로리, 심박수 등 일상 속에서 나에게 일어나는 활동과 관련된 데이터를 제공해줍니다.

즉 여러분이 하루에 얼마나 걷고 뛰었는지, 얼마나 먹고 체중이 얼마나 늘었는지를 확인해줍니다. 그런데 이런 정보를 개별적으로 알려주지 않고 각각의 데이터들 간의 관계를 알 수 있도록 다음 그림처럼 표로 보여줍니다.

· **일상 속의 내 활동과 관련된 데이터들**

달린 거리와 심장박동률　　　수면효율성과 걸음 수　　　칼로리와 체중

자료: www.azumio.com

이런 표로 데이터를 제공해주면 어떨까요? 내가 많이 뛸 때 심장박동률이 높은지 낮은지, 많이 걸을수록 잠을 잘 자는지 등을 알 수가 있겠죠. 게다가 이 앱은 여러분들이 스스로 목표를 설정하고 이를 달성할 수 있게 도와주는 기능도 가지고 있습니다. 자신이 성취한 사항을 친구들과 공유하면서 동기부여를 해주죠.

그러면 어떻게 될까요? 내가 다른 친구들보다 얼마나 먹고 운동하는지 비교해 내가 어떤 문제를 가지고 있는지 파악할 수도 있겠죠?

앞으로는 이런 일상의 데이터를 수집할 수 있는 앱이 더욱 많아질 것이고 진화할 것입니다. 인공지능, 빅데이터 등 4차 산업혁명과 관련된 기술과 결합하면서 정말 나에게 꼭 맞는 운동 혹은 다이어트 방법을 알려줄 수도 있겠죠. 그래서 아주미오는 자신들을 인공지능 기반의 모바일 건강운동 솔루션(AI Driven Mobile Health and Fitness Solutions) 회사라고 말하고 있습니다.

아주미오는 아르거스 외에도 심장박동(Instant Heart Rate), 수면 상태(Sleep Time), 건강관리(Fitness Body), 혈당관리(Glucose Buddy), 식습관 관리(Calorie Mama AI) 등 다양한 헬스케어 앱을 보유하고 있습니다. 이처럼 나의 모든 활동들이 이제는 실시간으로 측정되어 데이터로 만들어진다는 사실이 놀랍지 않나요?

더 중요한 건 이런 데이터들이 계속해서 쌓인다는 점입니다. 그러면 어떻게 될까요? 사람들이 자신에게 딱 맞춰진 건강관리 방법을 알 수 있겠죠?

이번에는 스마트 운동 디바이스를 한번 살펴볼까요? 이 제품은 Active5로 조그만 돌처럼 생겼습니다. 사진에서 볼 수 있듯이 강가에 있는 예쁜 돌처럼 생긴 이 디바이스가 여러분이 피트니스 센터에 가지 않고도 운동할 수 있게 도와줍니다. 어떻게 도와줄 수 있을까요? 한번 생각해보세요. 도대체 저 조그만 돌처럼 생긴 걸 가지고 어떻게 운동할 수 있다는 것일까요?

• Active5

자료: activbody.com

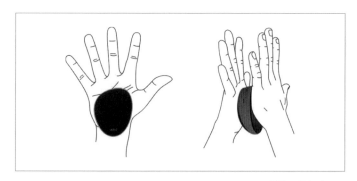

자료: activbody.com

단순합니다. 이 디바이스를 양 손바닥 아래쪽에 두고 압력을 가하면 그걸로 끝입니다. 뭐가 이리 간단하냐고 생각할 수도 있습니다. 하지만 가만히 앉아 저 디바이스에 압력을 가하는 것이 아니라, 다양한 자세에서 압력을 가하면서 몸의 여러 근육을 쓰게 만듭니다. 앱을 통해 100여 가지의 운동 방법을 제공하고 있고, 운동을 통해 몸의 어떤 근육이 발달할 수 있는지를 알려줍니다.

⚙ 가축에게 IT기술이 적용된다면?

지금까지는 주로 사람에게 적용된 제품이나 서비스를 봤는데요, 지금부터는 가축에게 적용된 사례를 볼까요? 〈이코노미스트〉 2010년 11월호에 네덜란드의 스파크드Sparked라는 회사가 소개되었습니다.

이 회사는 가축의 귀에 센서를 심어 가축의 건강을 체크할 수 있게 했습니다. 목장주는 건강과 관련된 정보를 실시간으로 센서를 통해 받고 자신의 스마트폰으로 확인할 수 있습니다. 가축의 건강에 문제가 생겼는지를 굳이 직접 가보지 않아도 바로 알 수 있게 된 것이죠. 이 센서를 부착한 가축이 1년 동안 만들어내는 데이터양은 200MB라고 합니다.

· **가축에 부착된 무선센서**

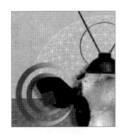

자료: 이코노미스트

스코틀랜드의 사일런스 허드즈먼Silent Herdsman이라는 회사 또한 이와 유사한 솔루션을 개발했는데요, 센서가 달린 목걸이를 가축에게 부착해 건강 상태뿐만 아니라 분만, 발정 등의 특정 행동 등을 파악할 수 있게 했습니다. 실시간으로 전송되는 정보는 스마트폰, 태블릿PC, PC 등에 저장되어 농장주가 원격으로 가축의 건강 상태를 확인할 수 있습니다.

더 중요한 점은 이렇게 실시간으로 만들어지는 정보를 모두 농장주에게 전달하는 것이 아니라 어떤 사건이 일어날 경우에

• 센서가 달린 목걸이를 부착한 소

자료: 골콘트롤 사이트(goalcontrol.de)

공유해준다는 것입니다. 즉 불필요하거나 중복된 데이터는 제거하고 농장주에게 가치 있는 정보만 전달해주는 것이죠.

농장주는 이 시스템을 통해 가축의 건강을 개선함으로써 농가 소득을 높일 수 있게 되었습니다. 2014년 3월 영국 BBC 뉴스에는 'Cows connected to web to boost milk'라는 제목으로 이 시스템이 소개되기도 했습니다.

우리가 지금 보는 제품이나 서비스들은 단순한 아이디어에서 시작합니다. 미래의 기술이라고 해서 아주 새로운 것들이 나온다기보다는 이런 단순한 제품과 서비스 관련 기술들이 축적되면서 어느 순간 새로운 것처럼 보이는 것뿐이죠.

스마트폰도 마찬가지입니다. 스마트폰 이전에 터치폰이 있었습니다. 터치폰에 앱스토어, 구글플레이가 만들어지면서 기존의 터치폰이 새롭게 태어난 것이죠. 이를 통해 사람들이 다양한 앱들을 개발해 올려놓고 이를 스마트폰으로 활용하면서 스마트폰은 이제 모든 사람의 필수 도구가 되었습니다.

여러분도 조금만 주변에 관심을 가져보세요. 여러분도 어쩌면 작고 사소해 보이지만 미래사회의 기반이 될 수 있는 새로운 제품과 서비스를 만들 수 있을 것입니다.

내 몸까지도 연결되는 세상, 웨어러블 디바이스

⚙ 웨어러블 디바이스, 내 몸을 컴퓨터처럼

'구글 글래스'를 들어본 적이 있나요? 미국의 주간지 〈타임〉이 2012년 10월 31일 '최고의 발명품' 중 하나로 구글 글래스를 선정했었는데요. 안경을 쓰고 음성으로 명령을 내리고 사진을 찍을 수도 있습니다. 뿐만 아니라 이 디바이스에 장착된 소형 프로젝트를 통해 안경을 쓴 사람의 눈에 이미지를 보여줄 수도 있습니다.

구글 글래스는 사생활과 안전상의 이유로 일반 소비자에게 판매되지 않고 기업용으로만 사용되었습니다. 하지만 최근에는 일반 소비자에게도 판매가 되고 있습니다. 이런 제품을 '웨어러블 디바이스'라고 합니다.

- 구글 글래스

자료: namu.wiki

MIT 미디어랩MIT Media Lab은 웨어러블 디바이스를 "신체에 부착하여 컴퓨팅 행위를 할 수 있는 모든 전자기기를 지칭하며, 일부 컴퓨팅 기능을 수행할 수 있는 어플리케이션까지 포함"이라고 정의하고 있습니다.[4] 웨어러블 디바이스는 건강관리와 연관해 앞으로 더 부상할 것으로 전망되고 있습니다.

⚙️ 안경부터 반지까지 다양한 웨어러블 디바이스

앞서 살펴본 구글 글래스 같은 웨어러블 디바이스의 예로 엘씨에 헬씨Ellcie Healthy의 스마트 글래스를 들 수 있습니다. 이 제품은 온도, 습도, 위치, 압력, 가속도 등을 측정할 수 있는 센서가 부착되어 있습니다. 이를 통해 졸음 운전 방지나 낙상에 대한 경보를 해줍니다.

교통사고 사망 원인의 많은 비중을 차지하는 졸음 운전은 한 가족의 삶을 망칠 수도 있는데요, 실제로 한국도로공사의 발표에 따르면, 2015~2019년 교통사고 사망자 1,079명 중 졸음·전방주시 태만으로 729명이 숨졌다고 합니다. 전체 사망자의 67.6%로 비중이 매우 높습니다.

그렇다면 이 제품은 어떻게 졸음 운전을 방지해줄 수 있을까요? 그건 바로 운전자와 관련된 행동 정보를 수집하기 때문입니다. 예를 들어 실내 온도를 파악해 운전자가 하품을 자주 하면 졸음 운전 가능성이 있다고 판단해 알려주는 것이죠. 또한 사용자가 갑자기 어디선가 떨어지면 가족이나 119를 바로 불러주기도 합니다. 평소에는 다른 제품들처럼 심박수, 활동량 등의 건강 상태를 모니터링할 수 있는 기능을 갖추고 있습니다.

• 엘씨에 헬씨의 스마트 글래스

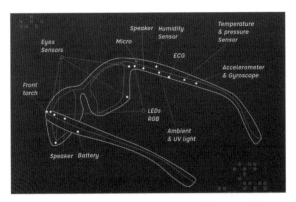

자료: ellcie-healthy.com

· 위딩스의 스캔워치

자료: www.withings.com

　프랑스에서는 최근 코로나19로 인해 환자들이 병원에 갈 수 없
게 되자, 위딩스Withings라는 기업이 스캔워치ScanWatch라는 제품
을 출시했습니다. 이 제품을 집에서 착용하고 있으면 담당의사
가 환자의 심박수, 혈중 산소농도를 체크할 수 있습니다. 게다가
이 제품은 사용자가 수영을 하는지, 자전거를 타는지, 달리기를
하는지 등을 자동으로 인식해 이를 기록해줍니다. 또한 수면시
간, 기상시간, 수면 패턴도 알려주죠.
　지금까지 살펴본 웨어러블 디바이스 외에도 다양한 제품이
있습니다. 미국의 패션 브랜드 랄프 로렌은 폴로 테크Polo Tech라
는 제품을 개발했습니다. 이 폴로 테크 셔츠에는 생체 측정 밴
드가 내장되어 있어 심박, 호흡, 칼로리 소모량 등의 다양한 신
체 데이터를 측정할 수 있습니다. 이 센서는 캐나다의 센서 기
술 기업인 옴시그널Omsignal과 협력해서 개발했는데, 특히 이 제

• 폴로 테크 셔츠

자료: www.brandchannel.com

품은 북한 조선중앙TV가 2015년 1월 21일 '과학기술상식, 빠른 속도록 추진되는 제품의 지능화'라는 방송에서 꽤 오랜 시간 동안 소개되기도 했다고 합니다.

이 제품에서 수집된 신체 정보는 스마트폰으로 확인 가능하며, 운동 계획을 세울 수도 있습니다. 특히 이 제품은 2014년 8월 개최된 US오픈 테니스 대회에서 마르코스 기론Marcos Giron 선수가 입고 출전하기도 했습니다.

이외에도 리니어블Lineable이라는 우리나라 회사의 미아 방지용 팔찌도 있습니다. 이 제품은 아이의 위치를 실시간 모니터링할 수 있어 아이가 부로모부터 20~30m 이상 멀어지면 스마트폰을 통해 알려줍니다. 이 제품은 이음새 없는 실리콘으로 되어있는데 방수와 방진 기능이 있고, 배터리 충전 없이도 2년 동안 사용이 가능합니다.

이처럼 웨어러블 디바이스는 우리 몸과 접촉하는 모든 분야의 제품에 적용될 수 있습니다. 만약 안경, 옷, 시계, 반지, 신발 등이 앞서 본 것처럼 최첨단 기능을 가지고 있다면 어떤 일이 가능해질까요?

여러분의 몸이 아플 경우, 의사가 여러분의 상태를 미리 파악할 수 있지 않을까요? 응급처치가 필요한 상황이 오기 전에 미리 의사가 여러분의 병을 진단한다면 조금이라도 위험을 줄일 수 있지 않을까요? 여러분이 살고 있는 곳이 병원에서 멀리 떨어져 있다면 원격으로 진료를 받고, 주변 약국에서 바로 약을 먹을 수 있지 않을까요?

이런 일도 생각해볼 수 있습니다. 혼자 사는 사람들이 점점 많아져 고독사가 증가하고 있는데, 이런 때 혼자 사는 사람들이 위험이 처해 있는지를 빠르게 파악할 수 있겠죠.

최근에는 스마트 반지를 통한 코로나19 조기 경보시스템, 심방세동 감지 스마트 반지, 수면 질, 인바디 등 건강정보를 확인할 수 있는 스마트 미러 및 침대 슬립 센서 등 다양한 제품이 출시되고 있습니다.[5]

여러분은 어떤 신체 정보를 알고 싶은가요? 여러분이 알고 싶어하는 그 정보가 곧 새로운 웨어러블 디바이스를 개발하기 위한 기초가 될 것입니다. 여러분이 현재 입고 마시는 것들을 생각하다 보면 새로운 웨어러블 디바이스가 나오지 않을까요?

IT기술은 제조업을
서비스업으로도 바꿔줘요

⚙ 어떻게 제조업이 서비스업이 될 수 있을까?

　제조업이 서비스업이 된다? 제품을 만들어 판매해 수익을 올리는 기업이 서비스를 통해 수익을 올린다고 하니 조금 이상하죠. 하지만 우리 주변에는 생각보다 많은 제조업의 서비스화 사례가 있습니다.

　집에 있는 정수기가 대표적이죠. 코웨이 같은 회사는 정수기를 직접 소비자에게 판매할 수 있습니다. 하지만 어떤가요? 대부분은 제품을 판매하려 하기보다는 렌탈을 하려고 하죠. 이처럼 렌탈을 통해 정기적으로 관리해주면 제조업이 서비스업이되는 것이죠. 공기청정기, 매트리스도 마찬가지죠.

　또 다른 사례로 전동 킥보드가 있습니다. 요즘 거리를 걷다 보면 보도블록 한쪽에 세워진 전동 킥보드를 자주 볼 수 있습니다. 이런 전동 킥보드도 제조업의 서비스화 사례로 볼 수 있습니다. 전동 킥보드를 직접 판매할 수도 있지만 이렇게 공유하는 서비스 모델을 만들어 사람들이 전동 킥보드를 언제 어디서나 자유롭게 이용할 수 있게 한 것이죠. IT기술이 발달하고 제품 관리를 통해 회사들이 수익을 더 많이 창출할 수 있는 기반을 만들면서 이제는 제조사들도 서비스를 통한 수익 창출에 힘을 쓰고 있는 것이죠.

'국내 최초 콘덴싱 원격제어 보일러'라는 광고를 한 번쯤은 봤을 것입니다. 이 보일러는 집 밖에서 스마트폰으로 보일러를 끌 수 있고 난방·온수 온도 조절, 24시간 예약난방을 할 수 있

· 경동 나비엔 보일러 광고

자료: 경동나비엔 2014년 TVC 콘덴싱 스마트 톡 편

습니다. 우리가 멀리 여행을 갈 때 가끔씩 보일러를 켜놓고 나오는 경우가 있는데, 그런 문제를 사물인터넷 기술을 통해 쉽게 해결할 수 있게 된 것이죠.

⚙ 타이어, 항공기 엔지, 건설기계까지 서비스화

이처럼 모든 것들을 연결시키는 기술의 등장은 기존의 전통적인 제조업을 서비스화시키는 데 결정적인 역할을 했습니다. 미쉐린이란 기업를 알고 있나요? 프랑스의 타이어 제조사입니다. 이 회사는 2013년 미쉐린 솔루션Michelin Solutions이라는 브랜드로 이피퓨얼Effifuel이라는 서비스를 런칭했습니다. 이 서비스는 트럭의 연료를 절약시켜주는 서비스입니다. 어떻게 절약을 시켜줄까요?

이 서비스는 트럭에 TDU(Telematics Display Unit)라는 디바이스를 장착해 차량의 속력과 위치, 타이어 압력, 엔진 온도와 관련한 정보를 수집하고, 차량의 연료 절약이나 타이어 교체 서비스에 활용된다고 합니다. 이 과정에서 미쉐린의 연료 전문가가 직접 고객을 찾아가 수집된 정보의 분석 결과에 대한 피드백까지 진행합니다. 이를 통해 트럭은 100km당 1.5L의 연료를 절약할 수 있습니다.

앞으로는 타이어에 센서가 부착되어 타이어의 마모도, 도로 상태 등을 파악해 운전자에게 알려주는 서비스가 출시될 수 있 겠죠. 그러면 어떻게 될까요? 만약 눈길을 달린다고 하면 타이 어에 부착된 센서가 도로가 미끄럽다는 것을 파악하고 차량의 속도를 줄이게 만들 수도 있지 않을까요? 운전자가 예상치 못한 빙판길을 만났을 때도 말이죠. 사람이 눈으로 보고 판단하는 것 보다 더 정확하겠죠.

영국의 항공기 엔진 제조사 롤스로이스Rolls-Royce도 서비스화 의 대표적인 사례입니다. 롤스로이스는 항공엔진에 센서를 부 착해 실시간으로 엔진을 모니터링합니다. 만약 이상 징후가 발 견되면 엔지니어가 즉시 조치를 취할 수 있습니다. 롤스로이스 는 비행기 엔진으로부터 매일 수천 개의 데이터를 받는데요, 이 데이터는 항공기 이륙, 고도 상승, 비행, 착륙 과정의 여러 지점 에서 수집되는데, 만약 이상이 감지된 경우 롤스로이스뿐만 아 니라 항공사 측에도 동시에 전달됩니다.[6]

이렇게 IT기술은 제조사가 고객과 수시로 소통할 수 있도록 해 제조업의 서비스화를 촉진시킵니다. 특히 기업이 제품을 하 나 판매하고 끝나는 관계가 아닌 장기적인 관계를 유지할 수 있 도록 해줍니다. 지속적으로 서비스를 해야 하기 때문에 고객과 기업의 관계가 긴밀해지는 것이죠.

일본의 세계적인 중장비 기업인 코마츠Komatsu도 건설 기계 에 IT기술을 활용하고 있습니다. 이 기업은 건설 현장의 작업이 효율적이고 안전하게 이루어질 수 있도록 작업 현장의 시각화

· **코마츠의 초대형 무인덤프트럭**

자료: 코마츠 홈페이지

를 위한 시스템을 개발중입니다. 코마츠의 콤트락스(KOMTRAX, Komatsu Machine Tracking System)라는 장비 추적 시스템도 그중 하나입니다.

콤트락스는 장비에 부착된 단말과 GPS(위치 확인 시스템) 안테나를 통해 작업장 위치, 장비 운영 시간, 조건과 관련된 정보를 수집합니다. 이 정보로 고객의 장비 보유 기간 동안 선행적인 A/S 활동을 통해 고객의 장비 수명은 늘리고, 유지비용은 낮춰주고, 고객 및 대리점과 공유됩니다. 또 GPS가 장착되어 있어 도난 방지도 가능합니다.

이뿐만이 아닙니다. 코마츠는 GPS, 장애물 감지 센터, 무선 네트워크 시스템 등이 설치된 무인덤프트럭(Autonomous Haulage System)도 개발해 판매중인데요, 이 트럭은 원격으로 제어가 가

50

능해 장애물이 감지될 경우 안전사고 예방을 위한 비상 정지가 작동합니다. 또한 경로, 속도 등의 운행 정보를 받아볼 수 있죠. 이 무인덤프트럭은 광산 개발에 활용되고 있습니다.

지금까지의 사례를 바탕으로 여러분 주변에서 제조업의 서비스화 사례를 한번 찾아보면 어떨까요? 정말 생각지도 못한 것들이 많을 것입니다. 이렇게 찾다 보면 세상이 어떻게 변하고 있는지를 조금씩 알 수 있습니다. 다양한 분야의 책을 읽고 미래를 이해하는 것도 중요하지만, 주변을 잘 관찰하면 더 많은 것을 알 수 있습니다.

여러분이 현재 사용하고 있는 것들을 사용만 하지 말고 이런 관점에서 생각해보는 연습을 계속 해보세요. 그러면 자연스레 앞으로의 모습을 미래전문가처럼 예측할 수 있을지도 모릅니다.

초연결 사회, 얼마나 많은 것이 연결되어 있을까?

⚙ 얼마나 많은 것들이 연결되어 있을까?

앞에서 주변에 얼마나 많은 것들이 연결되어 있는지 다양한 사례를 통해 살펴봤는데요, 사실 여러분이 보고 있는 대부분의 것들이 연결되어 서로 소통하고 있습니다.

간단히 볼까요? 아파트 공동현관문을 나갈 때 사람이 오면 자동으로 문이 열립니다. 들어올 때는 어떤가요? 공동현관문을 열고 들어오면 엘리베이터 문이 자동으로 열립니다. 이뿐인가요? 대형마트 주차장에 들어설 때면 차단기가 자동으로 열리죠.

이런 모습들은 모든 것이 연결되어 있다는 증거입니다. 코로나19 이후 음식배달은 어떤가요? 스마트폰으로 저녁에 치킨을 주문하면 주문내역이 가게에 전달되고, 그러면 가게에서는 라이

더를 불러 스마트폰으로 집 위치를 확인해 치킨을 배달해줍니다.

사실 십여 년 전만 해도 쉽게 상상하지 못했던 일이 지금은 너무 자연스럽게 일어나고 있습니다. 시간을 더 거슬러 올라가 이십 년 전에는 어땠을까요? 그때는 지금 우리가 살고 있는 세상이 이렇게 될 것이라고 상상할 수 있었을까요? 일부 미래학자 정도만 그렇게 생각했을 뿐 아무도 이런 세상이 이토록 빠르게 찾아올 거라고는 생각하지 못했을 겁니다.

⚙️ 모든 것들이 연결된 센싱 사회

이처럼 사람, 사물, 공간 등 모든 것이 연결되어 있는 사회를 '센싱사회'라고 합니다. 센싱이라고 하니 뭔가 대단한 것처럼 느껴지죠. 하지만 간단합니다. 센싱Sensing은 감지(感知)한다는 뜻을 가지고 있습니다. 감지한다는 것이 무엇일까요?

〈나혼자 산다〉 같은 버라이어티 프로그램을 보면 알 수 있습니다. 이런 프로그램을 보면 집 안 곳곳에 카메라가 설치되어 있죠. 그런데 계속 한 장소만을 촬영하는 카메라도 있지만 연예인이 움직이면 그 움직임을 포착해 따라 움직이는 카메라도 있습니다. 이렇게 움직임을 포착하는 것을 감지라고 합니다.

지금 우리가 살고 있는 세상은 모든 것들이 연결되어 감지될 수 있습니다. 대형 빌딩 같은 곳에는 화재가 발생하면 비상벨이

울리고 스프링클러가 작동하는데, 이 또한 연기를 감지하기 때문에 가능한 일이죠. 집 안에서도 마찬가지입니다.

이런 센싱사회가 만들어지기 위해서는 당연히 어떤 기술이 필요하겠죠. 그 기술이 바로 앞서 이야기한 사물인터넷입니다. 사실 사물인터넷 기술은 과거에도 존재했습니다. 다만 적용 분야가 우리가 잘 알지 못하는 산업현장에서 많이 사용되어서 그렇죠.

그런데 적용 분야가 확대되면서 사물인터넷이 없는 세상은 상상하기 어려울 정도가 되었습니다. 2013년 8월 옥스퍼드 영어 사전은 '사물인터넷'이란 단어를 공식 등재하고, 그것을 "일상의 사물들이 네트워크에 연결되어 데이터를 주고받을 수 있

· **초연결 사회의 3가지 차원**

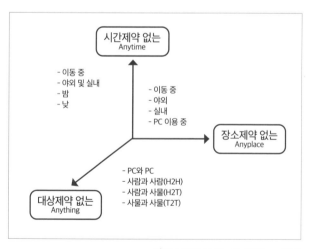

자료: ITU, The Internet of Things, 2005

54

는 인터넷의 발달"이라고 정의했습니다.

모든 것이 연결된 초연결 사회는 시간, 장소, 대상의 제약이 없습니다. 우리가 언제 어디서나 스마트폰을 가지고 모든 사람과 연락할 수 있는 것처럼 말이죠.

좀더 생각해볼까요? 우린 지금 스마트폰 하나로 아주 많은 일을 할 수 있습니다. 자동차 시동을 걸 수도 있고 집의 TV를 켤 수도 있죠. 인터넷이 되는 장소에서는 언제나 가능합니다. 시간과 공간의 제약이 없습니다.

스마트폰의 배터리가 방전되지 않는 이상 24시간 언제든지 여러분은 스마트폰 하나면 일상의 모든 것과 연결되어 무언가를 할 수 있습니다.

시스코 인터넷비즈니스솔루션그룹에서는 인터넷에 연결된 기기인 커넥티드 디바이스가 급격히 증가할 것으로 예측했습니다. 그럼 과연 얼마나 증가할까요?

증가하는 디바이스의 수를 보면 여러분들도 아마 놀랄 것입니다. 2003년 5억 개에서 2010년에는 125억 개로 25배 이상 증가했다고 합니다. 더 놀라운 일은 2015년 250억 개에서 2020년에는 500억 개로 증가했습니다. 2003년과 비교하면 2020년에는 100배나 증가하는 것이죠.

지금은 어떨까요? 무인화를 위한 로봇의 등장, 인공지능 기술의 발달로 인터넷에 연결된 디바이스가 더 많겠죠. 과거보다 더 빨리 기술이 발전하고 있고, 우리가 보고 있는 모든 것들이 인터넷에 연결되고 있으니 말이죠. 언젠가는 인간도 SF영화에서 보는 것처럼 인터넷에 연결되는 존재가 될지도 모릅니다.

⚙️ 마음만 먹으면 미국 대통령도 만날 수 있다?

모든 것이 연결되는 세상을 계속 상상하다 보면, 언젠가는 SNS를 통해 내가 정말 만나고 싶었던 사람을 자연스럽게 만날 수 있을 것이란 생각이 듭니다. 사람들 간의 연결을 이야기할 때 말하는 법칙이 하나 있습니다. 바로 '케빈 베이컨의 6단계Six Degrees of Kevin Bacon' 법칙입니다.

케빈 베이컨은 할리우드 스타인데, 6단계만 거치면 세상의 모든 사람들과 연결될 수 있다는 것이죠. 케빈 베이컨은 이 법칙에 따라 로널드 레이건 전 미국 대통령, 엘비스 프레슬리 등과 6단계 내에서 연결되었다고 합니다.

여러분도 만나보고 싶은 사람이 있죠? 그런 사람들과 6단계만 거치면 만날 수 있습니다. 어쩌면 지금은 틱톡, 페이스북, 트위터, 카카오톡, 라인 등 수많은 SNS가 있어 6단계를 거치지 않고도 만날 수 있을지 모릅니다. 사실 지금도 페이스북을 이용하다 보면 친구 추천이 뜨는데, 개인정보를 거의 입력하지 않았음에도 주변의 사람들을 추천해주는 경우가 많이 발생하죠. 이를 보면 지금은 6단계가 아니라 2~3단계만 되어도 정말 유명한 사람들과 자연스럽게 연결될 수 있는 환경이 만들어졌을 거란 생각이 듭니다.

실제로 과거 가전기기의 이용자 확보 기간을 보면 우리가 살고 있는 세상이 얼마나 빨리 발전하는지 알 수 있습니다. 전화 이용자 5천만 명을 확보하는 데 걸린 기간은 75년이었습니다. 그런데 라디오, TV는 어떨까요? 라디오는 38년, TV는 13년밖에 걸리지 않았습니다. 우리가 지금 이용하고 있는 인터넷과 SNS는 얼마나 걸렸을까요? 여러분들도 한번 생각해보세요. 인터넷은 4년, 페이스북과 트위터는 각각 3.6년, 3년이 걸렸다고 합니다. 라인은 이보다 더 기간이 짧아져 약 1.1년밖에 안 걸렸습니다.

과거에 비해 얼마나 많은 사람들이 인터넷을 통해 쉽게 연결될 수 있는지는 이 수치를 통해 바로 알 수 있습니다. 미국 대통령하고도 쉽게 연결될 수 있죠. 여러분이 만나고 싶은 사람을 오프라인에서 만날 수 없더라도 온라인에서는 너무나도 쉽게 만날 수 있습니다.

미래사회는 여러분들이 생각하는 것 이상의 사회가 될 가능성이 높습니다. 초연결 사회에서 영화 속 세상이 곧 이루어질 거란 생각을 가지고 여러분만의 꿈을 펼쳐 보세요. 그러다 보면 조만간 그 꿈이 모두 이루어질 것입니다. 이 책은 여러분에게 그런 꿈을 심어주기 위한 책입니다.

매장이 아닌
플랫폼에서 찾아요

과거에는 동네마다 책이나 비디오 대여점이 있었습니다. 책 대여점에 가면 서점처럼 일반서적뿐만 아니라 만화책까지 다양한 책들이 있었죠. 그래서 시리즈물인 만화책 같은 경우에는 1권부터 보다가 3권이 없을 때에는 4권부터 마지막 책까지 다 빌려보다가 나중에 3권을 다시 봤던 기억이 납니다. 비디오 대여점은 어떨까요? 당시에는 비디오 테이프와 플레이어가 있었습니다. 지금은 어떤가요? 찾아볼 수가 없죠. 지금은 디지털 콘텐츠 세상이어서 넷플릭스나 IPTV를 통해 영화를 손쉽게 볼 수 있습니다. 하지만 과거에는 그렇게 하기가 쉽지 않아서 비디오 대여점에 가서 보고 싶은 영화를 찾고 비디오 테이프를 빌려 친구집에서 같이 보기도 했습니다. 당시만 해도 비디오 플레이어가 집마다 다 있는 것은 아니었기 때문입니다.

하지만 지금은 어떤가요? 온라인은 책을 쉽게 구매할 수 있을 뿐만 아니라 중고책도 손쉽게 사고팔 수 있게 되었습니다. 게다가 전자책까지 등장해 더 저렴한 가격으로 책을 볼 수도 있게 되었죠. 이로 인해 책 대여점은 사라진 지 오래입니다. 서점은 어떤가요?

한국서점조합연합회에 따르면, 2003년 3,589개였던 서점은 2017년 2,050개, 2019년 1,976개로 꾸준히 감소하고 있습니다. 게다가 서점이 하나밖에 없는 '서점 멸종 예정 지역'은 42곳이나 된다고 합니다. 이런 서점은 앞으로도 계속 사라질 것이고 예스24, 알라딘 같은 온라인 서점이 그 자리를 채울 것입니다. 특히 알라딘이나 예스24의 중고서점은 동네 헌책방 시장을 점령해 일반 서점과 함께 헌책방을 사라지게 했습니다. 부산 중구 보수동 책방골목에는 100여 곳의 중고서적 전문 서점이 있었는데, 이제는 이런 전문 서점을 쉽게 보지 못할 것입니다.

한편, 기술의 발달로 비디오 테이프 자체가 없어지면서 이제는 비디오가 아닌 동영상으로 영화, 드라마, 예능 프로그램 콘텐츠를 볼 수 있는 시대가 되었습니다. 가끔은 웹하드 사이트에서 보고 싶은 콘텐츠를 선택해서 보기도 하고, IPTV로 VOD를 결제해서 보기도 합니다. 이제는 밖으로 나갈 필요도 없죠.

이렇게 세상이 디지털화되면서 우리가 과거에 보던 책, 영화 같은 콘텐츠는 대여점이 필요하지 않게 되었습니다. 이런 콘텐츠는 이제 인터넷 접속만 할 수 있다면 언제 어디서든 볼 수 있기 때문입니다. 과거에는 "비디오 테이프 1개 빌리는 데 얼마예요?"라고 물었는데 이제는 "콘텐츠 하나 다운받는 데 얼마예요?"로 바뀌었습니다.

쉽게 콘텐츠를 접할 수 있기 때문에 굳이 뭔가를 빌려서 가지고 있을 필요도 없게 되었죠. 오늘 보고 싶은 드라마를 놓쳤다 하더라도 조금만 참으면 바로 볼 수도 있습니다. 과거에는 며칠이 걸렸는데 지금은 몇 시간만 있으면 바로 볼 수 있죠. 이전에는 상상도 할 수 없는 일이 벌어진 것이죠.

여러분 주변에서 책이나 비디오 대여점처럼 지금은 여러분이 자주 이용하고 있지만 앞으로 사라질 것은 무엇이 있는지 찾아보세요. 그러면 미래사회와 기술을 더 쉽게 이해할 수 있을 것입니다.

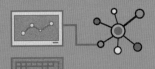

'디지털 사회' 하면, 여러분은 어떤 모습이 떠오르나요? 스마트폰으로 카톡하는 사람들 아니면 게임하는 사람들? 디지털 사회는 여러분을 새로운 세상으로 이끌고 있습니다. 지금 내가 있는 곳에서 볼 수 없는 모습도 가상현실 기술을 통해 볼 수 있습니다. 이뿐인가요? 현금이 없어도 스마트폰을 통해 결제할 수 있으며, 스마트폰 하나로 여러분이 원하는 것을 언제든지 구매 혹은 구독할 수도 있죠. '디지털'이라는 단어는 지금껏 경험해보지 못한 세상을 여러분에게 안겨주고 있습니다.

2장

디지털 사회,
또 다른 세상을
만들어요

또 하나의 세계, 가상·증강 현실

⚙️ 가상은 현실과 동떨어진, 증강은 현실 기반

'가상현실과 증강현실은 도대체 뭐가 다르지?'라는 생각이 먼저 들죠. 먼저 이 두 용어의 차이부터 한번 짚고 넘어가보겠습니다.

가상현실Virtual Reality은 말 그대로 현실과 다른 세상입니다. 컴퓨터 그래픽을 활용해 마치 내가 가상의 세계에 있는 것처럼 느끼도록 하는 것이죠.

반면 증강현실Augmented Reality은 현실과 동떨어진 세계가 아닙니다. 현재 내가 있는 이 현실에 컴퓨터 그래픽으로 가상의 상황을 덧씌우는 것이죠. 이 가상의 상황이 실제 환경에서 벌어지고 있는 것처럼 느끼게 하는 것입니다. 현실을 강화했다는 의

• **로봇VR 어트랙션**

자료: 에버랜드(www.witheverland.com)

미로 '증강'이란 용어를 사용합니다.

에버랜드에 가면 정말 다양한 놀이기구가 있습니다. 그중에서 VR 어트랙션이 있는데, 여러분도 에버랜드에 가봤다면 한 번쯤 봤을 것입니다. 바로 로봇VR인데요, 2017년 국내 최초로 도입된 이 어트랙션은 로봇팔에 앉아 삼성전자의 기어VR을 쓰고 가상현실을 체험하는 시설입니다. 기어VR을 통해 '태권브이' 애니매이션이 나와 마치 내가 로봇을 조종하는 듯한 느낌을 받습니다.

이뿐이 아닙니다. VR 어드벤처도 있는데, 여기서는 T 익스프레스 낙하구간, 썬더폴스의 백드롭 구간, 로스트밸리의 동물 친구들을 눈앞에서 즐길 수 있습니다. 실제 T 익스프레스를 타지 못한다면 이 시설을 통해 간접경험을 해볼 수가 있습니다. 이처

64

· VR 어드벤처

자료: 에버랜드(www.witheverland.com)

럼 가상현실 기술은 우리가 실제로 경험해보지 못한 것들을 간
접적으로 경험할 수 있게 해줍니다.

한편, 증강현실은 어떤 것이 있을까요? 여러분들도 잘 알고 있
을 포켓몬고Pokemon GO입니다. 우리나라에는 2017년 1월 24일
서비스가 런칭되었습니다.

이 게임은 특정 위치에 가면 포켓몬이 스마트폰에 나타나는
데, 당시 어른아이 할 것 없이 포켓몬 명당을 찾아 전국을 헤매
고 다녔습니다. 포켓몬고로 인해 울산 간절곶에 사람들이 몰리
기도 했습니다. 경상북도 영덕군은 포켓몬고의 실행기반이 잘
갖춰져서 포켓몬고 명당으로 알려지기도 했습니다.

2018년 방영한 tvN 드라마 〈알함브라 궁전의 추억〉은 AR 게
임을 소재로 다뤘는데요, 이 드라마에서는 주인공인 현빈이 스

· <알함브라 궁전의 추억> 속에 나오는 AR 게임

자료: tvN <알함브라 궁전의 추억> 화면 캡쳐

마트 콘택트렌즈를 끼면 AR 게임에 입장하게 되고, 현실세계 속에서 게임을 할 수 있습니다.

특히 현빈이 착용한 스마트 콘택트렌즈와 관련된 기술은 삼성전자가 2014년 '증강현실을 위한 스마트 콘택렌즈와 그 제조 및 동작방법'이라는 이름으로 특허 출원을 했습니다. 삼성전자는 발명의 효과에 대해 다음과 같이 말합니다.

'스마트 콘택렌즈는 스마트폰과 같은 외부기기와 연동되어 착용자가 보는 사물에 대한 검색이 실시간으로 이루어지고, 그 결과가 착용자의 망막에 직접 제공된다. 따라서 개시된 스마트 콘택렌즈 착용자는 사물에 대한 검색과 그 결과를 보기 위해 별도로 디스플레이(예컨대 스마트폰)를 들여다보아야 하는 기존의 불편함을 줄일 수 있다. 또한 개시된 스마트 콘택렌즈는 촬영기능을 갖고 있고, 외부기기로부터 제공되는 내비게이션 정보를 표시할 수 있는 바, 기존의 휴대기기보다 편의성이 증가될 수 있다.'

⚙️ 가상·증강 현실, 어디에 적용되고 있을까?

가상 및 증강현실은 또 하나의 새로운 세계를 만들어줍니다. 이 기술들은 어디에 적용해볼 수 있을까요? 우리가 실제로 경험해보기 어려운 혹은 경험했을 때 위험한 분야에 활용될 수 있습니다. 게임 같은 분야에 가상현실이 많이 적용될 수 있겠죠. 또한 건설, 항공, 의료 분야는 한 번의 실수로 큰 사고가 날 수 있기 때문에 바로 현장 실습을 할 수 없습니다. 그래서 가상현실이 자주 활용됩니다.

분당서울대병원은 국내 최초로 2015년에 신규 의료진 및 의과대학생 교육을 위한 '가상현실 교육시스템'을 도입했습니다. 대장암 수술을 가상현실 교육 콘텐츠로 제작했는데, 실제 교육에 참여한 전공의는 "고개를 돌리는 방향에 따라 영상이 움직여 실제 수술장에 있는 것 같은 느낌이 들었다, 수술장에 들어가서 해야 하는 역할은 물론 동선과 배치 등을 한눈에 볼 수 있어 큰 도움이 될 것 같다"고 말했습니다.[7]

스포츠분야에서도 활용되고 있습니다. 미국의 스포츠 시뮬레이터 기업인 스카이테크스포츠SkyTechSport는 스키와 스노우보

- 스카이테크의 스키 시뮬레이터

자료: www.skytechsport.com

드 시뮬레이터를 개발해 판매하고 있습니다. 이 시뮬레이터에
는 4개의 전기 모터가 장착되어 있고 슬로프 표면과 눈의 상태
등을 설정할 수 있어 실제처럼 스키를 타는 경험을 할 수 있습
니다. 특히 다양한 올림픽 코스를 선택할 수 있다고 합니다.

이처럼 우리는 우리가 경험할 수 없는 혹은 경험해보고 싶은
세상을 가상현실이나 증강현실을 통해 만들어볼 수 있습니다.
이를 통해 실제 경험하기 어려운 것들을 안전하게 경험해봄으
로써 위험을 최소화할 수도 있죠.

여러분이라면 이 기술을 어디에 활용하고 싶은가요? 가상현
실을 통해 정말 내가 우주에 있는 듯한 느낌을 받으면 우주를
공부하고 싶어지지 않을까요? 혹은 우주에 관심이 없었는데 호
기심이 생겨 우주를 연구하는 사람이 되고 싶어지지 않을까요?
혹은 증강현실을 이용해 지금 내가 살고 있는 곳에 공룡이 나타
나는 모습을 보고 싶지 않나요? 그러면 정말 공룡이 얼마나 큰
동물이었는지 알 수 있지 않을까요?

AR을 제어할 수 있는
손목밴드

페이스북은 2021년 3월 AR을 제어할 수 있는 손목밴드를 개발중이라고 발표했습니다. 이 손목밴드는 페이스북이 인수한 스타트업인 CTRL 랩스 (CTRL-Labs)의 기술을 기반으로 개발되었는데요. 손목밴드를 차고 있으면 화살을 쏠 수도 있고, 키보드 없이도 손가락의 움직임만으로 타자를 칠 수도 있습니다.

여기서 한 가지 알아야 할 게 있습니다. 페이스북은 AR을 제어하기 위한 방법으로 왜 손목밴드를 선택했을까요? 음성으로 AR을 제어할 수 있는 방법도 있었을 텐데 말이죠. 그 이유는 바로 음성은 다른 사람이 들을 수도 있고, 주변의 소음으로 인해 제어에 어려움이 있기 때문입니다. 스마트폰이나 다른 디바이스를 고려할 수도 있었지만, 이 또한 사용자와의 거리가 멀어진다는 단점이 있어 손목 밴드를 생각했다고 합니다.

이 손목밴드는 말초신경, 근육의 상태를 알기 위해 근육의 전기적 활성 상태를 검사하는 방법인 '근전도 검사법'을 활용합니다. 이를 통해 1mm의 손가락 움직임까지도 인식할 수 있다고 합니다. 근육의 신호를 디지털 신호로 바꿔주는 것이죠.

만약 이 기술이 더 진화하면 어떻게 될까요? 여러분 손가락의 작은 움직임만으로도 여러분이 무엇을 하고 싶어 하는지 알아서 파악해 눈앞에서 관련 AR 화면을 보여주지 않을까요? 영화 <마이너리티 리포트>보다 더 발전한 기술이 나오는 것이죠. 물론 지금 이런 기술이 우리 일상에 들어오려면 오랜 시간이 걸리겠지만 말이죠.

오프라인 매장, 디지털화와 무인화가 된다면?

⚙ 무인매장은 현금과 대기가 필요 없을까?

여러분은 코로나19 이후 바뀐 것들이 뭐가 있다고 생각하나요? 수업을 온라인으로 하는 것, 외식이 줄고 배달음식을 먹는 것, 영화관에 가지 않고 집에서 넷플릭스로 영화나 드라마를 보는 것 등이 있죠.

가장 큰 변화가 일어난 곳은 바로 오프라인 매장입니다. 오프라인 매장은 과연 어떻게 바뀌었을까요?

코로나19 이후 오프라인 매장의 점원들은 점점 줄어들고 있습니다. 왜 그럴까요? 사람 간의 접촉을 최소화하기 위한 것도 있지만 매장 운영의 효율성을 높이기 위해서입니다. 사람들이 점점 온라인에 익숙해지고 있는 것도 이유겠죠.

· 맥도널드의 키오스크

　매장에서 점원들은 감소하고 있지만 음식 주문을 위한 대형 디스플레이인 키오스크는 2~3개씩 생겼습니다. 이제 사람들은 더 이상 점원에게 주문을 하지 않습니다. 단지 주문한 제품을 받기 위해 점원과 접촉할 뿐이죠. 버거킹, 맥도널드 같은 패스트푸드점은 이런 변화에 빠르게 대응하고 있습니다.

　이런 변화가 가속화되면 어떻게 될까요? 앞으로 사람이 없는 무인매장을 경험할 가능성이 높아지겠죠. 이미 미국에서는 무인매장이 운영되고 있고, 그 수도 점점 늘어나고 있습니다. 미국의 대표적인 무인매장으로는 아마존고(Amazon Go)가 있습니다.

　아마존고는 2016년 아마존 본사 1층에 시범운영을 한 후 2018년 1월 22일 일반인들에 공개되었습니다. 현재 미국 전역에 25개가 존재하며, 2020년 2월에는 무인매장 시스템을 식료품으로까지 확대했습니다.[8] 미국 시애틀에는 '아마존고 식료품 스토어(Amazon Go Grocery store)'가 들어섰는데, 규모는 아마존고보다 5배나 크며 5천여 개의 신선식품을 취급하고 있습니다. 참

대단하지 않나요? 이제는 사람이 운영하던 매장보다 더 큰 매장이 들어섰으니 말이죠. 그만큼 무인매장이 기존 매장을 대체할 가능성이 높다는 뜻도 되겠죠.

그럼 이 아마존고는 어떻게 운영이 될까요? 먼저 아마존고 매장에 들어가기 위해서는 아마존고 앱이 설치된 스마트폰이 필요하며, 따로 장바구니가 필요하지 않습니다. 자신이 필요한 상품을 쇼핑백에 넣어 그냥 들고 나오기만 하면 됩니다. 정말 편리하죠. 코스트코, 이마트 같은 매장에서 제품을 구매할 때 계산대 앞에 길게 늘어선 줄을 보면 한숨이 나오는데 이제는 그런 일이 없어지게 되는 것이죠.

그래서 아마존고 홈페이지에는 '계산도, 줄을 설 필요도 없다 No Line, No Checkout'라는 문장이 적혀 있죠. 그런데 도대체 아마존은 어떻게 사람들이 구매한 제품을 자동으로 인식하고 결제까지 하는 걸까요?

• No Line, No Checkout이라고 쓰여 있는 아마존고 식료품 스토어 사이트

자료: www.amazon.com

아마존고에는 자율주행 센서가 부착된 수백 개의 소형카메라가 있는데, 이 카메라가 고객을 따라다니며 고객이 진열대의 제품을 드는 순간 제품을 구매한 것으로 인식합니다. 그리고 쇼핑을 마친 뒤 매장을 나갈 때 아마존고 앱에 등록된 카드로 자동 결제가 되는 것이죠. 미국에는 2016년 기준 350만 명 이상의 계산원이 있는데, 아마존고가 확산될수록 계산원은 줄어들 가능성이 급격히 높아지고 있습니다.[9]

일본에도 무인화 기술이 적용된 매장이 2020년 3월 JR 야마노테센의 다카나 게이트웨이 역에 개장했습니다. 터치투고 TOUCH TO GO라는 이 매장은 무인 인공지능 결제 시스템을 활용합니다. 매장에서 필요한 제품을 가지고 와 무인 결제 시스템 앞에서 구매한 제품 목록을 확인한 후 카드로 결제만 하면 됩니다.

또 다른 일본의 매장은 무인 결제 단말기가 달린 쇼핑카트를 통해 무인화를 추진하고 있습니다. 후쿠오카시 히가시구에 본사를 둔 트라이얼TRIAL이라는 대형마트는 후쿠오카시 아일랜드시티 점포에 이 기술을 적용했는데요, 이 카트에 자신이 필요

• **터치투고의 무인 인공지능 결제 시스템이 적용된 점포**

자료: 터치투고 사이트(ttg.co.jp)

· 트라이얼 쇼핑카트의 바코드 스캐너와 결제목록 화면

자료: news.kotra.or.kr

한 제품의 바코드를 찍으면 자동으로 결제되는 시스템을 갖추고 있습니다. 아마존고처럼 매장 내에는 수많은 카메라와 센서가 있어 고객의 동선을 관찰할 수 있습니다.

미국, 일본뿐만 아니라 우리나라에도 무인매장이 점점 들어서고 있습니다. '세븐일레븐 시그니처' 매장은 세계 최초의 무인 콘셉트 스마트 편의점으로 1호점이 롯데월드타워에 있습니다. 이 매장도 아마존고와 마찬가지로 매장 입구에 '현금과 카드, 휴대폰은 필요 없고 오직 손만 있으면 됩니다No cash, No card, No phone Just Need Your Hand'라고 적혀 있습니다.[10]

이마트24도 김포DC점을 무인매장으로 운영중입니다. 아마존고보다 적은 30여 대의 카메라로 고객의 동선을 추적하죠. 이렇듯 많은 기업들이 점점 매장을 무인화하고 있는 추세입니다.

지금 대형마트에는 셀프 계산대가 있습니다. 이런 셀프 계산대가 점차 늘어나고 아마존고 같은 무인매장 기술들이 확대되면 금방 우리나라도 무인매장이 급속히 많아질 가능성이 높은 상황입니다.

이와 유사한 상황을 고속도로 톨게이트에서도 볼 수 있습니다. 여러분이 여행을 갈 때 고속도로 톨게이트를 지나가는데, 톨게이트의 일부분은 하이패스로 되어 있죠. 과거에는 요금 수납원이 있었지만 하이패스가 생기면서 하이패스로 결제되는 톨게이트에는 수납원이 필요 없어졌습니다. 점점 하이패스만으로 결제되는 톨게이트가 늘어나면 당연히 수납원은 사라질 직업이 되겠죠.

이처럼 우리 주변에는 기술의 발달로 수많은 직업들이 사라질 위험에 처해 있죠. 한편으로 새로운 기술의 등장으로 인해 또 다른 직업이 나타나기도 합니다.

⚙️ 매장이 디지털화된다면, 어떤 일이 가능해질까?

이렇게 우리가 알던 기존의 오프라인 매장은 점점 디지털화되어가고 있습니다. 가장 대표적인 기업이 나이키입니다. 나이키는 패스트캠퍼니Fast Company가 2013년 선정한 세계 최고 혁신 기업 중 한 곳이었습니다. '나이키는 스포츠 의류 및 신발을 제조하는데 어떻게 세계 최고의 혁신기업이 되었을까?'라는 생각이 들죠.

나이키는 디지털 기술을 활용해 고객들에게 새로운 가치를 제공해주고 있습니다. 나이키는 2018년 7월 LA에 '나이키 바이 멜로Nike by Melrose'라는 매장을 오픈했는데요, 이 매장은 해당 지역의 나이키 플러스 이용 고객의 데이터 분석을 통해 지역 맞춤 제품 및 서비스를 제공합니다. 이뿐인가요? 나이키 앱을 통해 제품 바코드를 스캔함으로써 고객이 직접 사이즈, 색깔, 재고 등 제품 관련 정보를 확인할 수 있습니다.

나이키의 또 다른 매장인 하우스 오브 이노베이션The House of Innovation은 마네킹이 입고 있는 옷을 QR 코드로 검색할 수 있는 서비스(Nike Shop the Look)를 제공합니다. 또한 나이키 앱을 활용한 결제 서비스(Nike Instant Check Out), 제품 바코드 스캔을 통한 정보 확인 서비스(Nike Scan to Learn More), 스캔 제품을 원하는 장소에서 픽업할 수 있는 서비스(Nike Scan to Try) 등 디지털 기술이 적용된 다양한 서비스를 제공하고 있죠.

- **나이키 라이브 매장, 나이키 바이 멜로**

자료: 나이키, www.businessinsider.com

이런 디지털화의 힘 때문일까요? 나이키는 2019년 391억 달러의 매출을 올렸고, 의류 브랜드 가치는 324억 달러로 의류 브랜드 중 1위를 차지했습니다.[11]

지금 우리 주변에 디지털 기술이 적용됨으로써 우리가 알던 기존의 오프라인 매장이 최첨단 매장으로 변신하고 있습니다. 여러분이 마트를 자주 간다면, 마트의 어떤 것들이 변해가는지 관찰해보세요. 지금 이 책에서 말하는 것들이 점점 현실이 되어가고 있는데, 주변에 무인매장이 있다면 방문도 해보세요. 무인매장에서 물건도 구매해보면서 도대체 어떤 기술이 언제 어떻게 적용되고 있는지도 생각해보고요.

우리 동네 무인매장을 찾아 이용해보기

최근 경기도 고양시에서는 지역의 동네 슈퍼 25곳에 스마트 슈퍼 전환을 지원한다고 합니다. 스마트 슈퍼는 낮에는 사람이 있지만 밤에는 사람이 없는 무인 점포입니다. 이런 무인점포를 여러분이 직접 이용해보고 느낀 점을 생각해본다면 어떨까요? 이 책에 있는 기술들을 조금 더 잘 이해할 수 있지 않을까요?

이미 우리 주변에는 많은 무인점포가 있는데요, 대표적인 게 아파트 단지 주변의 무인 아이스크림 매장입니다. 한 번쯤 이용해봤을 수도 있습니다. 만약 무인 편의점이 있다면 여러분들이 편의점을 이용하면서 좋았던 점, 불편했던 점, 추가적인 서비스가 필요한 사항을 생각해본다면 좋지 않을까요?

무인매장에 들어가는 순간부터 제품을 구매하고 나가는 순간까지의 생각들을 자유롭게 적어보세요 기술은 글과 그림만 봐서는 잘 이해가 되지 않는 경우가 많기 때문에 이렇게 직접 경험해보면 미래기술이 여러분 눈앞에 다가와 있을 것입니다.

- 내가 이용한 무인매장은?

- 무인매장을 이용하면서 좋았던 점은?

- 무인매장을 이용하면서 불편했던 점은?

- 무인매장을 이용하면서 추가적으로 있었으면 하는 사항은?

캐시리스 사회, 정말 현금이 사라질까?

⚙ 캐시리스 사회, 어떤 일이 일어날까?

여러분은 일상에서 현금을 얼마나 자주 사용하나요? 요즘 대부분의 성인들은 현금을 거의 들고 다니지 않습니다. 체크카드, 신용카드가 있을 뿐만 아니라 네이버페이, 카카오페이, 삼성페이 등 다양한 디지털 결제 수단이 존재하기 때문이죠.

물론 지금 어른들은 용돈을 줄 때 현금을 주지만 앞으로는 현금이 사라질 가능성이 높습니다. 그러면 용돈을 주는 방법도 달라질 수 있겠죠.

앞서 말한 무인매장이 점점 많아진다면, 현금은 더 이상 결제 수단으로 유용하지 않겠죠. 일상에서 얼마나 많은 페이가 사용되는지 한번 볼까요?

- 아침 출근할 때 지하철에서 삼성페이로 요금 결제
- 식당에서 점심을 먹은 후에는 제로페이로 결제하거나 카카오페이로 더치페이
- 근처 카페에서는 페이코로 아이스 아메리카노 구매
- 저녁에는 배달음식 결제를 위해 배민페이로 결제
- 네이버 쇼핑몰에서 네이버 페이로 옷과 인테리어 소품 등 구매
- 주말 결혼식 축의금은 토스나 카카오페이로 송금

우리는 이미 이렇게 다양한 페이로 일상을 즐기고 있습니다. 앞서 살펴본 무인 편의점도 계속해서 늘어날 것이고, 현금의 필요성은 점점 줄어들 수밖에 없겠죠.

물론 매장 안에 수많은 CCTV가 있기 때문에 현금을 내고 양심껏 거스름돈을 가져가게 할 수도 있습니다. 하지만 만약 거스름돈이 다 떨어진다면 어떨까요? 매장을 운영하는 데 번거로움이 있겠죠.

이렇게 현금을 가지고 다닐 필요가 없는 사회를 '캐시리스 사회'라고 합니다. 현금을 뜻하는 cash와 부정적 의미를 뜻하는 less가 결합된 단어인데요, 스마트폰이 출시되고 스마트폰에 설치된 앱에 카드를 등록하게 되면서, 이제는 신용카드도 들고 다닐 필요가 없는 사회가 되었습니다. 한국은행 조사에 따르면, 가계의 전체 지출에서 현금 사용 비중은 2015년 38.8%에서 2018년 32.1%로 감소했다고 합니다.

한번 생각해볼까요? 과거에는 동전지갑이 있었습니다. 물건을 사다 보면 자연스레 잔돈이 많아지니 동전을 따로 넣고 다닐 지갑이 필요했죠. 하지만 이제 동전을 거의 보기 어렵고, 사용할 일도 그다지 없습니다. 그러다 보니 동전 지갑은 이제 볼일이 없습니다.

우리가 들고 다니는 지갑도 많이 바뀌었습니다. 과거에는 지갑의 크기가 컸지만 이제는 작아지고 지폐나 카드만 넣고 다닐 수 있는 지갑이 생겼죠. 그뿐인가요? 스마트폰 케이스에 카드를 넣고 다닐 수가 있어서 지갑이 아예 없는 경우도 종종 있습니다.

이처럼 우리는 알게 모르게 캐시리스 사회에 적응하고 있습니다. 그래서일까요? 한국은행도 2017년부터 '동전 없는 사회 시범 사업'이란 것을 실시했는데요, 처음에는 교통카드 같은 선불전자지급수단에 거스름돈을 적립하는 단계를 거쳐 이제는 계좌에 입금해주는 서비스를 시작했습니다.

이마트24는 2021년 1월부터 전국 매장에서 거스름돈 계좌 입금서비스를 시작했습니다. 이마트24에서 결제 수단별 매출을 분석했는데 2018년 33.7%이던 현금 결제 비중은 2020년 21.5%까지 하락했다고 합니다.

현금 결제 비중이 높은 일본도 점점 캐시리스 결제 비율을 높이려 하고 있습니다. 2017년 기준 한국의 캐시리스 결제 비율이 96.4%, 영국 68.7%, 미국 46.0%인 데 반해 일본은 19.8%에 불과합니다. 그래서 과거에는 일본에서 신용카드 결제가 안 되는

· **하나로 통일하는 QR 코드 JPQR**

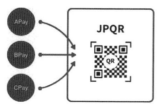

자료: JPQR

경우도 많았다고 합니다. 그런데 이런 일본도 2025년까지 캐시리스 결제 비율을 40%까지 높인다고 하죠. 이제는 전 세계적으로 캐시리스 사회가 될 것이 분명해보입니다.

특히 일본은 다양한 페이 서비스가 존재해 이를 하나의 QR 코드로 규격을 통일한 서비스까지 나왔습니다. 일본의 캐시리스추진협의회는 'JPQR'이라는 통일된 규격의 QR을 통해 다양한 서비스에 대응할 수 있게 했습니다.

⚙ 점점 진화하는 결제방법

페이 서비스는 점점 진화하고 있는데요, 스마트폰이 아닌 얼굴 인식을 통한 결제시스템이 상용화되었습니다. 신한카드에서는 2020년 4월 한양대학교 서울캠퍼스에서 이 서비스를 상용화했는데요, '신한 페이스페이Face Pay'라는 이 서비스는 은행에서

• **CU 한양대생활관점의 신한 페이스페이**

자료: 신한카드

얼굴과 카드 정보를 등록한 후 가맹점에서 얼굴로 결제를 하는 방식입니다.

얼굴뿐만 아니라 손바닥으로 결제할 수 있는 서비스도 2021년 1월에 출시되었는데요, 앞서 보았던 아마존고의 미국 시애틀 매장에서는 손바닥과 카드 정보를 등록해두면 매장에서 아마존원이라는 손 인식 단말기를 통해 결제를 할 수 있습니다. 이에 대해 아마존은 "손 모양과 피부 아래 정맥의 고유한 모습을 분석함으로써 아마존원의 정확도를 얼굴 인식과 대등한 수준으로 향상시켰다"고 말하고 있습니다.[12]

특히 이 손바닥 인식 기술은 카드나 모바일 결제가 3~4초 걸리는 것 대비 0.3초밖에 걸리지 않아 무인매장 서비스의 효율을 더 높일 수 있습니다.

• 아마존원을 통한 결제 모습과 아마존원 리더기

자료: 아마존

이외에도 롯데카드는 손 정맥을 분석해 결제하는 '핸드페이' 서비스를 운영하고 있고, 구글은 목소리로 결제할 수 있는 기술을 개발하고 있다고 합니다. 이미 우리 주변에 다양한 음성 인식 서비스가 있기 때문에 우리가 목소리로 결제할 수 있는 날도 얼마 남지 않은 것 같습니다.

이렇게 현금 결제 비중이 늘어나면 어떤 변화가 일어날까요? 우리가 은행에 갈 일도 사라지겠죠. 특히 자동화기기인 ATM을 이용할 일이 많이 줄어들 것입니다. 그래서 2020년 1분기 기준으로 KB국민·신한·우리·하나은행 등 국내 4대 은행의 ATM의 수가 2019년 같은 분기 대비 1,116개나 감소했다고 합니다. 1년이 365일이니 하루에 3개 정도씩 줄어든 셈이죠.

이처럼 캐시리스는 또 다른 변화를 만들어냅니다. 항상 어떤 변화가 일어나면 그 변화는 또 다른 변화를 만들어낼 수 있다는 사실을 생각하다 보면, 앞으로의 사회가 어떻게 급변할지를 쉽게 알 수 있습니다.

지금 우리가 미래사회와 기술에 대해 학습하는 것은 단순히 이런 변화가 있을 거라는 사실을 이해하는 것이 목적이 아닙니다. 그 변화로 인해 세상은 또 어떻게 바뀔 것인지를 생각해보기 위한 것이죠.

애그리테크, 식물공장의 시대가 오고 있어요

⚙ 요즘 같은 첨단사회에 농업이 유망하다고?

여러분은 '농장'이라고 하면 어떤 곳이 떠오르나요? 대부분 농촌의 비닐하우스나 아니면 넓은 논밭을 생각하죠.

그런데 이런 논밭이 아닌 공장에서 식물을 재배할 수 있는 날이 점점 다가오고 있습니다. 지구온난화로 토양이 메마르고, 자연이 지속적으로 개발되면서 사람들이 식물을 재배할 수 있는 땅이 사라지고 있기 때문이죠.

게다가 농촌은 점점 고령화되고 있어 식물을 재배할 수 있는 사람도 점점 사라지고 있습니다. 그래서 사람들은 더 이상 땅이 아닌 다른 곳에서 식물을 재배할 수 있는 방법을 찾기 시작했고, 그게 바로 식물공장입니다.

자료: aerofarms.com

투자의 대가로 불리는 짐 로저스는 "미래에 가장 유망한 산업은 농업"이라고 말하기도 했습니다. '애그리테크'란 농업을 뜻하는 Agriculture와 기술을 뜻하는 Technology의 합성어인데요, 이 애그리테크가 미래의 먹거리가 되고 있습니다. 미국의 유명 경제잡지인 〈포브스〉는 "전통 농업은 고령화와 노동력 감소, 빈약한 수확량, 수자원 낭비, 장거리 수송 등의 문제점을 안고 있어 애그리테크가 지속가능 농업을 실현하기 위한 훌륭한 수단이 될 것"이라고 평가했습니다.[13] 그럼 애그리테크 중에서 가장 주목하고 있는 분야에 대해서 한번 알아볼까요?

⚙ 생산성이 높은 식물공장, 에어로팜

위의 사진이 무엇으로 보이나요? 수많은 식물들이 보이나요? 이 사진은 2004년 설립된 미국 뉴워크Newark에 본사를 둔 에어로팜AeroFarms의 세계 최대의 식물공장입니다.

에어로팜은 뉴워크에 4개의 식물공장을 보유하고 있고, 이 식물공장은 미국 〈타임〉 지의 '2019년 최고의 발명품'으로 선정되기도 했습니다. 이 공장에 들어가면 높이 11m, 길이 24m의 바구니 같은 곳에서 케일, 물냉이, 루콜라 등 30종류의 채소가 자라고 있습니다.

특히 이 기업은 식물을 물에 담그는 기존의 수경재배 방식이 아닌 물과 양분을 뿌리에 분사해 재배하는 시스템을 가지고 있습니다. 다른 스마트팜 기업보다 물 사용량이 40% 정도에 불과하죠.

에어로팜의 공동설립자인 로젠버그 대표는 "채소류를 토양에서 기르는 데 평균 45일이 걸리지만 우리는 15일이면 충분하다. 물은 95% 적게 사용한다. 비료도 절반 정도만 사용한다. 일반 농장과 비교해 동일 면적당 생산성이 무려 390배에 달한다"고 말합니다.[14]

플랜트랩PlantLab이라는 네덜란드의 수직농업 회사의 분석에 따르면, 1kg의 상추를 재배하기 위해 필요한 물의 양은 밭이 250L, 온실 20L인 데 반해 수직농업은 1L에 불과합니다. $1m^2$당 상추 생산 가능량도 밭은 3.9kg, 온실 41kg인데 수직농업은 100kg에 달합니다.

⚙ 도대체 식물공장이 뭔가요?

 이제 식물공장에 대해 조금 더 자세히 살펴볼까요? 식물공장은 간단히 말해 식물이 자랄 수 있는 환경을 인공적으로 조성해서 땅이 아닌 장소에서도 식물을 재배할 수 있게 만든 시스템이에요. 그래서 식물 재배에 필요한 온도, 빛, 습도, 양분 등을 조절해 식물을 재배합니다.

 식물공장은 계절과 날씨에 상관없이 농작물을 재배할 수 있어 미래에 닥칠 식량부족 문제를 해결할 수 있는 방법이기도 합니다. 식물공장은 아래 표에서 볼 수 있듯이 건물에서 빛, 배양액을 활용해 1년 내내 농작물을 재배할 수 있습니다.

 이런 식물공장과 비슷한 것을 우리 주변에서도 찾아볼 수 있는데요, 바로 '식물재배기'란 가전제품입니다. 매년 미국에서 열

· **스카이테크의 스키 시뮬레이터**

자료: aerofarms.com

• 농작물 재배유형별 특징

구분		노지재배	시설재배	수경재배	식물공장
농업적 이미지		전통농업	근대농업	현대농업	미래농업
공간적 구성		농경지	농경지+시설	온실+시설	건물+시설
기반		토양	토양+시설	시설+기술	시설+기술+과학
비료원(비효)		토양 +비료(완효성)	토양+ +관주(완효성)	양액(속효성)	양액 +공급 프로그램 (속효성)
생산 주기		계절적	반계절적	반계절적	주년생산 공급
생산주기별 상품성		적기에만 우수	계절적으로 맛과 영양부족	시설재배와 동일 수준	과학적 제어시스템으로 연중 동일
수량 구성 요소	환경	자연	부분적 인공	부분적 인공	완전 인공
	유전성	자연	자연	자연+인공	자연+인공
	재배 기술	자연순응	자연 회피 +생리 활성	자연 극복 +생리 활성	자연 극복+ 생물학적 지식 집전
수량성		자연에 의존	부분적 극복	부분적 극복	완전 극복 (최대 수량)
안전성		화학적 방제 불가피 (지배자 중심)	화학적 방제 심 함(지배자 중심)	부분적, 화학적 방재 (지배자 +소비자 중심)	무농약 재배 (소비자 중심)

리는 세계 최대 전자·정보기술 전시회인 CES 2020에서 삼성전자와 LG전자가 가정용 프리미엄 식물재배기를 선보였습니다. 마치 냉장고처럼 생긴 이 재배기를 통해 자신이 먹고 싶은 채소를 길러서 먹을 수 있는 것이죠. 이 재배기에 씨앗을 넣으면 알아서 채소가 재배됩니다. 집에서 화분에다 식물을 재배할 필요가 없어지게 된 것이죠.

남극에 있는 세종과학기지에도 식물공장이 설치되어 있습니다. 주로 엽채류를 키울 수 있었는데 최근에는 오이, 애호박, 고추, 수박 같은 과채류를 키울 수 있는 기술이 개발되었다고 합니다. 이처럼 식물공장 관련 기술은 점점 발전하고 있어 앞으로는 지금보다 더 다양한 농작물들을 재배할 수 있을 것입니다.

애그리테크 기술에 대해 들어보니, 이제 곧 여러분이 먹고 싶은 채소가 무엇이든 마트에 가지 않고도 집에서 직접 따서 먹을 수 있는 시대가 찾아올 거라는 생각이 들지 않나요? 정말 기술이 더 발달한다면, 과일도 이렇게 먹을 수 있는 날이 오지 않을까요? 여러분이 마음껏 상상의 나래를 펼치다 보면, 그런 세상은 더욱 빠르게 찾아올 것입니다.

디지털 세상, 모든 것을 구독할 수 있어요

⚙️ IT기술이 접목되면, 모든 걸 다 구독할 수 있다?

여러분은 '구독' 하면 어떤 것이 생각나나요? 넷플릭스가 떠오르나요? 과거에는 사람들이 구독이라고 하면 대부분 신문이나 우유를 떠올렸습니다. 그런데 요즘에는 종이신문을 구독해서 보는 사람들이 거의 없죠. 대부분 스마트폰으로 인터넷 포털 사이트를 통해 뉴스를 확인하니까요.

사실 구독이라는 건 오래 전부터 있어 왔지만 디지털 기술이 결합되면서 점점 더 많은 것들을 우린 구독할 수 있게 되었습니다. 특히 코로나19 이후에는 집에서 운동하는 홈트가 유행했죠. 사람들은 그와 관련된 서비스를 구독하기도 합니다.

미국의 펠로톤Peloton이라는 피트니스 콘텐츠 구독 회사가 대표적입니다. 이 회사는 피트니스와 관련된 다양한 콘텐츠를 제공해주고 수익을 올립니다. 콘텐츠 정기 구독료는 12.99달러인데요, 코로나19 이후 회원수가 급증했습니다. 유료 구독자 수는 2017년 10만 8천 명에서 2019년 51만 1천 명으로 증가했죠.

이 회사는 피트니스 시장의 넷플릭스라고 불립니다. 2019년 기준 회원수가 140만 명 이상이며, 매출은 9억 1,500만달러에 달합니다.[15] 그럼 펠로톤은 어떤 콘텐츠를 제공할까요?

펠로톤은 스피닝 자전거, 러닝머신, 피트니스 등의 콘텐츠를 판매합니다. 이와 함께 바이크와 트레드밀도 판매하는데, 구매하지 않아도 콘텐츠를 구독할 수 있습니다. 이 콘텐츠는 인터넷 강의라고도 볼 수 있는데요. 종류는 요가, 스트레칭, 사이클, 달리기, 등반 등 수천 개에 달한다고 합니다. 영상은 실시간으로 제공되고, 강의 시간 이후에도 무제한 수강할 수 있어 직장인들에게 인기죠.

· **펠로톤 바이크를 타며 피트니스 콘텐츠를 보고 있는 모습**

자료: 펠로톤 사이트

또 다른 구독 서비스는 뭐가 있을까요? 여러분이 주변의 얼마나 많은 구독거리가 있는지 알게 되면 놀랄 것입니다. 우리가 생각하는 의식주와 관련된 모든 것이 있죠. 자동차, 책, 화장품, 맥주, 비타민, 안경, 가방, 가구, 칼럼, 뉴스, 영화, 매트리스, 가전제품, 음악, 셔츠, 빵, 커피, 반찬, 양복, 장난감 등 오히려 구독할 수 없는 것을 찾는 게 어려울 정도입니다.

국내 대표적인 렌탈사인 코웨이는 미국에서 아마존의 음성 인식 플랫폼 알렉사Alexa와 연동해 공기청정기 필터 수명을 스스로 진단하고 주문·배송해주는 소모품 자동 배송 시스템 서비스를 제공하고 있습니다. 요즘에는 미세먼지 때문에 대부분의 집은 공기청정기를 한 대 이상 보유하고 있는데요, 가장 귀찮은 일 중의 하나가 필터 교체입니다. 그런데 이때 필터 교체를 알아서 해준다니 얼마나 좋은가요?

⚙ 화장품과 커피도 구독가능하다고?

화장품도 마찬가지입니다. 시중에 그냥 판매하는 제품을 구매하기도 하지만 자신에게 맞는 제품을 구독할 수도 있습니다. 톤28이란 회사는 여러분에게 맞는 화장품을 정기적으로 받아볼 수 있는 서비스를 제공하는데요, 톤28 홈페이지에는 다음과 문구가 있습니다.

"피부는 매달 달라지는데, 같은 화장품을 구입하는 것이 맞을까요? 기초 스킨케어만큼은 선호나 감성이 아니라 진단 결과에 따라 빅데이터와 예측분석에 의해 제조되어야 합니다."

어떻게 맞춤 화장품을 제공해주는 것일까요? 먼저 피부상태를 측정해야겠죠. 여러분이 있는 곳을 방문해 피부 상태를 진단해줍니다. 유분도, 수분도, 탄력도, 색소침착 등 4가지 피부 상태와 T존, O존 U존, N존 등 4가지 관리 영역의 현재 상황을 파악해 맞춤 화장품을 28일 주기로 배송해줍니다. 정말 편리한 세상이죠. 이 서비스는 2016년에 런칭되었는데 2019년까지 약 3만여 명이 피부측정을 받았다고 합니다. 가격은 월 39,000원부터 시작하는데 프리미엄은 월 10만 원입니다.

화장품뿐만 아니라 커피도 구독 가능합니다. 요즘 사람들은 보통 하루에 한 잔 이상 커피를 마시는데요, 미국의 트레이드

• 톤28의 맞춤 바를거리

자료: 톤28 사이트

커피Trade Coffee는 커피 원두를 구독하는 서비스를 제공하고 있습니다. 50여 개의 로스터리 카페와 협업해 400여 종 이상의 원두를 공급받고 있는데, 과연 어떤 방법을 통해 여러분에게 맞는 원두를 제공해줄 수 있을까요?

그 방법은 바로 설문조사인데요, 트레이드 홈페이지에 들어가 대략 10여 개 이상의 질문에 답을 하면 여러분에게 맞는 원두를 추천해줍니다. 구체적인 질문 항목은 커피 경험 수준, 집에서 커피를 어떻게 만들어 먹는지, 우유·설탕 등 커피에 추가하는 것은 없는지, 원두 로스팅의 수준은, 자신의 커피 취향 등이 있습니다. 그리 많지 않은 질문들로 여러분의 취향과 비슷한 원두를 알려줍니다.

여러분도 직접 해보면 여러분의 취향을 잘 알 수 있을 겁니다. 설문은 5분도 걸리지 않아 재미있는 경험이 될 거예요. 설문을 하면 아래와 같은 화면이 나오면서 추천 원두와 정기구독시 가격이 나옵니다.

· **설문 후 원두 추천 화면**

이처럼 지금 세상은 다른 사람과 차별화된 나만의 제품과 서비스를 받을 수 있는 세상입니다. 과거에는 누구에게나 똑같은 제품과 서비스를 제공했지만, 이제는 디지털 기술의 발달과 더불어 사람들이 자신의 취향에 대한 관심이 높아지면서 자신만의 독특한 제품과 서비스를 원하고 있죠.

앞으로는 초개인화된 맞춤 서비스가 우리 사회를 지배할 것입니다. 정말 여러분도 모르는 여러분만의 특성을 파악해 의식주의 모든 것을 제공해주는 사회가 다가오는 것이죠.

스마트폰 속 만화책, 웹툰

예능 프로그램 <나 혼자 산다>에는 기안84가 출연합니다. 여러분은 기안84의 직업이 뭔지 알고 있나요? 아마 대부분 알고 있을 것입니다. 바로 웹툰 작가입니다. 과거에는 웹툰 작가라는 것이 없었죠. 만화책과 만화가만 있었을 뿐이죠. 하지만 디지털 세상은 우리에게 또 다른 직업을 만들어주었습니다.

'슬램덩크' '드래곤볼' 여러분은 이 만화를 알고 있나요? 한 번쯤 들어봤을지도 모릅니다. '슬램덩크'는 <뭉쳐야 쏜다>라는 예능 프로그램에서 가끔씩 언급하고, '드래곤볼' 같은 경우에는 피규어로 판매하고 있기 때문이죠. 이현세의 '남벌' '아마게돈' 같은 만화책. <보물섬> <소년챔프> <아이큐점프> 같은 만화잡지 등은 여전히 기억납니다. 부류가 다르지만 만화책은 지금도 있죠. <박시백의 조선왕조실록> <마법천자문> <역사도둑> <수학도둑> 같은 교과목과 연관된 만화책을 많이 볼 수 있습니다.

하지만 이제는 이렇게 책보다는 온라인으로 더욱 쉽게 볼 수 있습니다. 사람들은 출퇴근을 할 때 스마트폰으로 웹툰을 봅니다. 네이버웹툰, 레진코믹스, 다음웹툰 등 다양한 웹툰 플랫폼이 존재하죠. 잠깐 잠깐 보는 웹툰은 심신의 피로를 가시게 해주고, 사회상을 반영한 웹툰은 공감대를 불러일으키기도 합니다. 국내 웹툰 시장 규모는 2014년 2천억 원에서 2019년에는 1조 원을 넘어섰다고 합니다. 외모콤플렉스와 관련된 '여신강림'이라는 네이버웹툰은 전 세계 누적 조회수가 40억 뷰나 된다고 합니다. 그만큼 많은 사람들이 웹툰을 보고 있다는 뜻이겠죠.

과거에는 이런 만화책뿐만 아니라 만화방이라는 것도 있었습니다. 사람들은 만화방에서 수십 권의 만화책을 쌓아놓고 보곤 했습니다. 물론 지금도 만화방이 존재하지만 예전과는 분위기가 많이 다르죠.

과거의 만화방은 영화 <아저씨>에 나오는 것처럼 칙칙하고 지저분한 느낌이었습니다. 하지만 지금 있는 몇몇 만화방들은 카페처럼 깔끔하고 편히 쉴 수 있는 공간이 되었죠. 세련된 인테리어와 편히 쉴 수 있는 공간으로 구성된 지금의 만화방은 또 하나의 문화공간입니다.

<클럽보다 만화> <피망과 토마토> <청춘문화싸롱> <카페 데 코믹스> <섬> 등의 만화방이 있는데, 이런 곳은 만화방이라기보다는 가게 이름에서 볼 수 있듯이 카페라고 해도 무리가 없습니다. 카페에 만화책을 둔 것인지, 만화방에 카페 컨셉을 도입했는지 분간이 어려울 정도로 지금의 만화방은 더 이상 과거의 만화방이 아닙니다.

만화는 여전히 사람들 주변에 존재합니다. 과거와 달리 디지털 기술의 등장으로 그리기 위한 도구나 보여지는 형태가 바뀌었을 뿐이죠. 물론 과거처럼 책 한 권의 형태로 읽지도 않습니다. 잠시 휴식을 취할 때, 짧게 한 편을 볼 수 있게 바뀌었습니다. 이로 인해 미래에는 '만화+책'이 아닌 그냥 만화로 사람들에게 웹툰이 인식될지도 모릅니다. 더 이상 사람들에게 만화는 책이 아닌 것이 되는 것이죠.

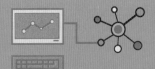

요즘 툭하면 '인공지능'과 '로봇'이라는 단어가 곳곳에서 터져 나오죠? 여러분은 인공지능과 로봇이 얼마나 많은 일을 사람처럼 할 수 있다고 생각하고 있나요? 인공지능과 로봇은 여러분이 생각하는 것 이상으로 많은 것을 할 수 있습니다. 글도 쓰고 그림도 그리니 정말 사람과 다를 바가 없어지고 있죠. 앞으로 인공지능과 로봇이 할 수 있는 일은 더 많아질 것이 분명합니다. 앞으로 어떤 일까지 할 수 있을지 생각해보세요. 그리고 사람은 앞으로 어떤 일에 집중해야 할지도요.

3장

인공지능과 로봇, 인간을 넘어설 수 있을까요?

인공지능 작가·화가, 정말 가능한가요?

⚙ 말은 많이 하는데 인공지능이 뭔가요?

사람처럼 생각할 수 있는 컴퓨터가 있다면 어떨까요? 사람들은 오래전부터 이런 연구를 해왔습니다. 사람처럼 사고하고 학습해서 스스로 자신을 개발할 수 있는 컴퓨터를요. 최근 우리가 자주 듣는 용어인 인공지능은 바로 여기서 나왔습니다.

인공지능은 영어로 Artificial Intelligence라고 하는데, 이 용어는 1956년에 미국의 컴퓨터 과학자인 존 매카시John McCarthy가 처음 사용했습니다. 어떻게 보면 인공지능이란 용어가 나온 지는 참 오래되었죠. 그럼에도 왜 지금에서야 이렇게 사람들의 관심을 받는 것일까요?

존 매카시와 같이 인공지능 컨퍼런스를 조직했던 허버트 사이먼Herbert Simon은 "사람이 할 수 있는 모든 일을 하는 기계가 20년 안에 나올 것"이라고 예측하기도 했습니다. 하지만 인공지능 기술이라는 것은 쉽게 개발되기 어려웠던 것이죠.

인공지능은 1990년대 후반이 되어서야 사람들에게 다시 관심을 받기 시작합니다. IBM의 슈퍼컴퓨터 딥 블루Deep Blue가 1997년 5월 체스 세계 챔피언 개리 카스파로프Gary Kasparov를 물리쳤기 때문입니다.

그 이후 IBM의 왓슨Watson은 '제퍼디!(Jeopardy!)'라는 미국의 퀴즈쇼 프로그램에서 두 명의 퀴즈쇼 강자를 물리치며 또 한 번 조명을 받게 됩니다. IT 기술이 발달하면서 인공지능 관련 기술도 진화해 점점 인간의 영역에 침투하기 시작합니다.

인공지능에 대한 관심이 극에 달한 건 2016년 구글 딥마인드의 알파고Alpha Go와 이세돌 9단의 대국이었습니다. 결과는 알파고가 4승, 이세돌 9단이 1승을 해서 알파고의 승리로 끝났습니다.

사실 대국 전만 해도 사람들은 아직 컴퓨터가 바둑에서 인간을 이기기에는 한계가 있다고 봤습니다. 이세돌 9단 또한 인간이 우세하다고 생각했고 4:1이나 5:0으로 알파고를 이길 수 있다고 말했습니다.

⚙ 창의력이 필요한 분야도 인공지능으로!

이처럼 인공지능은 이미 사람이 하는 일의 많은 부분을 할 수 있을 뿐만 아니라 심지어 사람보다 더 뛰어납니다. 앞으로는 인공지능이 사람의 일을 많이 대체할 것으로 보고 있습니다. 특히 사람만이 가지고 있다던 창의력 관련 분야도 인공지능이 넘보고 있습니다.

일본에서는 2016년 인간 크리에이터 디렉터와 인공지능의 광고 대결을 진행했었는데요, 클로렛츠 민트탭이란 껌 광고를 만드는 일이었습니다. 여러분도 TV 광고를 많이 봐서 알겠지만 광고는 창의성이 많이 필요한 분야입니다. 단순히 어떤 학습을 한다고 쉽게 되지 않습니다. 그렇다면 인간과 인공지능이 만든 광고의 대결 결과는 어땠을까요?

국민 투표 결과, 인간이 이겼습니다. 하지만 그 수치가 인간 54%, 인공지능 46%로 큰 차이가 나지 않았습니다. 우리나라의 한 방송에서 이 두 광고에 대한 투표를 진행했었는데 인공지능 광고가 더 많은 표를 받았습니다.

더 중요한 점은 인공지능이 만든 광고가 사람들이 쉽게 생각하지 못한 창의적 콘셉트를 제시해 인간이 만든 광고보다 더 주목을 받았다는 것입니다.

다음 그림이 바로 두 광고의 일부 이미지입니다. 여러분이 보기에 어떤 광고가 인공지능이 만든 것 같나요?

• **인공지능과 사람이 만든 광고 화면**

첫 번째는 인공지능이 만든 클로렛츠의 '도시' 편이고, 두 번째는 인간이 만든 '푸른하늘' 편입니다. 인공지능이 만든 광고는 도시에 강아지 한 마리가 민트탭 껌을 발견하고 입안이 상쾌해지는 모습을 묘사한 반면, 인간이 만든 광고는 한 여성이 나타나 붓글씨로 입안을 10분간 상쾌하게 해준다는 내용을 한자로 써서 보여줍니다.

여러분은 어떤 광고가 더 창의적이라고 생각하나요? 만약 입안을 상쾌하게 해주는 껌 광고를 만든다면 어떻게 만들 것인가요? 여러분의 생각이 이 두 광고의 창의성을 평가하는 기준이될 것입니다.

이처럼 인공지능은 기존의 수많은 데이터를 학습하면서 점점창의적인 사고까지도 가능하게 되었습니다. 지금의 인공지능은신문기사뿐만 아니라 소설, 영화 시나리오까지 쓸 수 있는 수준까지 왔습니다. 그림도 그릴 수 있죠.

2016년 영국의 SF 영화제에는 인공지능 시나리오 작가 벤자민이 등장하기도 했습니다. 벤자민은 SF 영화 수십편을 학습한후 9분짜리 단편 영화인 〈선스프링Sunspring〉 대본을 썼고 이 시나리오는 영화로도 만들어졌는데요.

영화는 혹평을 받았습니다. 글로벌 컨설팅사인 맥킨지는 "인공지능 기술이 더 발전하기 전까지는 시나리오 작가들이 필요하다는 사실을 확인할 수 있었다"고 〈선스프링〉에 대한 평가를 내렸습니다.

이 인공지능 시나리오 작가는 이후 7분짜리 단편영화를 또 만들어 같은 영화제에 나갔는데, 전작보다는 시나리오가 탄탄했다고 합니다. 이처럼 인공지능이 앞으로 더 많은 영화들을 학습한다면, 사람들이 정말 좋아할 만한 영화를 극장에서 볼 수도있을 것입니다.

· **구글 딥드림의 최고가 낙찰 작품**

자료: deepdreamgenerator.com

⚙ 인공지능 화가의 작품도 팔리고 있다고요?

그림은 어떨까요? 앞서 이야기했던 구글에서는 인공지능 화가 딥드림Deep Dream을 개발했던데요, 딥드림이 만든 작품 29점은 9만 7천 달러에 판매되기도 했습니다. 다음 작품은 9,800달러에 판매가 되기도 했죠. 구글의 딥드림은 특정 이미지를 재해석해서 작품을 만드는데 반고흐, 르누아르 같은 유명화가의 화풍

· **인공지능 기반 작품 개발 툴**

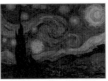

108

을 적용해서 작품을 만듭니다.

마이크로소프트와 ING 등이 참여한 '더 넥스트 렘브란트(The Next Rembrandt)' 프로젝트도 346점의 렘브란트 작품을 학습해 특정 이미지를 렘브란트 화풍으로 만드는 데 성공했습니다. 전문가들 또한 작품들을 보며 렘브란트가 생각날 정도였다고 합니다. 이처럼 전문가들도 인공지능이 만든 작품을 구분하기 어려울 정도가 된 것이죠.

여러분들도 인공지능 화가의 작품을 구경하고 싶다면 독일 튀빙겐(Tubingen)대학, 스위스 연방 기술연구소, 벨기에의 루뱅(Louvain)대학이 공동연구해 개발한 인공지능 작품 개발 툴(deepart.io)을 사용해보세요. 이를 통해 인공지능 기술이 얼마나 발달했는지 알 수 있을 것입니다.

방법은 너무나도 간단합니다. 이 사이트에 들어가서 여러분이 멋지게 바꾸고 싶은 사진을 올린 후, 내가 원하는 스타일의 작품을 선택하면 해당 사진이 여러분이 원하는 스타일로 바뀌는 것을 볼 수 있습니다.

한편 크리스티 미국 뉴욕 경매에서는 인공지능 작품이 43만여 달러에 낙찰되기도 했습니다. 이 직품은 '에드몽 드 벨라미' Edmond Belamy라는 초상화인데요, 이 낙찰가는 추청가의 40배를 넘은 것이었다고 합니다.

· 에드몽 드 벨라미 초상화

자료: 위키디피아 commons.wikimedia.org

아직 완벽하게 인간의 감성을 표현하거나 창의력을 넘어서지는 못하지만 넘어설 날도 얼마 남지 않은 것 같습니다. 인공지능이 진화해 로봇이 사람과 같은 능력을 가질 수 있다면, 앞으로 사람은 어떤 분야에서 일할 수 있을까요? 또 어떤 분야에서 일자리를 잃게 될까요? 아니면 인공지능 로봇과 협업해 지금 우리가 살고 있는 세상을 더 좋게 만들 수 있는 방법은 없을까요?

여러분도 생각해보세요. 미래를 주도할 여러분이 살아갈 세상에서 인공지능은 필수인데, 어떻게 하면 사람과 인공지능이 조화롭게 살아갈 수 있을지를 말이죠.

목소리만 듣고도
얼굴을 그리는 인공지능

여러분은 사람의 목소리만 듣고 그 사람의 얼굴을 그릴 수 있나요? 쉽지는 않죠. 하지만 이미지 정도는 떠올릴 수 있는데요. 쌍둥이들이 목소리가 비슷한 것처럼 인공지능도 이를 전제로 목소리만 듣고도 사람의 얼굴을 그릴 수 있습니다.

2021년 초 <세기의 대결 AI VS 인간>이라는 방송이 있었는데요. 이 방송에서는 골프, 주식투자, 작곡, 몽타주 등의 분야에서 인간 고수들과 인공지능의 대결이 진행되었습니다. 여기서 오디오 몽타주 인공지능이 나왔는데요. 인공지능은 어떻게 목소리로만 사람의 얼굴을 그릴 수 있을까요?

목소리에는 성문이라는 목소리의 지문이 있습니다. 목소리만으로도 나이, 학력, 출신 지역, 키 등을 알 수 있습니다. 얼굴도 그릴 수 있습니다. 단 6초만 들으면 말이죠.

실제로 이 방송에서는 도널드 트럼프 전 미국 대통령의 목소리를 듣고 얼굴을 그렸는데요. 아래 사진을 보면 도널드 트럼프 대통령과 이미지가 많이 비슷하지 않나요?

이 방송에서는 범인의 목소리만을 듣고 몽타주를 그려 얼마나 유사한지도 판단했었는데요, 인간과 인공지능 모두 대략 80% 정도의 유사도를 보여 무승부로 끝났습니다. 인종별, 연령별, 학력별, 직업별 목소리를 학습하다 보면 인공지능이 그린 몽타주의 유사도가 90% 이상이 될 날도 멀지 않아 보입니다.

여러분도 앞으로 모르는 누군가와 전화 통화를 한다면 한번 그 사람의 얼굴을 머릿속으로 그려보세요. 그러다 보면 여러분도 인공지능처럼 목소리만 듣고도 사람의 얼굴을 쉽게 떠올릴 수 있을지 모릅니다.

인공지능이 면접을 본다면 어떨까요?

⚙ 기술은 생각보다 많은 걸 알고 있다

여러분은 지금 주변에 있는 수많은 IT 기술이 사람을 얼마나 이해할 수 있다고 생각하나요? 과거에 사람들은, 기술은 사람이 무언가를 쉽게 하기 위한 도구로만 여겼습니다. 우리가 매일 이용하는 인터넷 검색 포털도 똑같죠. 내가 알고 싶은, 보고 싶은 기사나 지식을 찾기 위해 검색 포털을 사용합니다. 이뿐인가요? 수많은 기술이 집약되어 있는 스마트폰도 똑같은 것이죠.

그런데 이런 기술은 사실 우리가 생각하는 것보다 우리에 대해 많은 것을 알고 있습니다. 페이스북, 인스타그램 등 SNS에 접속하면 친구를 추천해주는데, 가끔은 연결되고 싶지 않은 사람까지도 보여주는 경우가 많습니다. 내가 SNS에 올린 정보와 활동들을 분석해 친구를 추천해주는 것이죠. 때론 나도 몰랐던 내 취향을 SNS가 알려주죠.

예를 들어 여러분이 그림에 대한 관심을 보였다면 SNS는 그림과 관련된 정보를 보여줍니다. 인터넷 서점도 마찬가지입니다. 영어나 수학에 관한 책을 많이 구매하면, 인터넷 서점에서는 여러분의 나이와 학년 등을 고려해 다른 영어, 수학 관련 책을 추천해줍니다. 그런 책들은 여러분이 구매하고 싶었던 책들인 경우가 많습니다.

이처럼 기술은 지금 내가 생각하는 것보다 나에 대해 많은 것을 알고 있습니다. 스탠포드대학교 파피 크럼Poppy Crum 교수는 '기술은 생각보다 많은 것을 알고 있다 Technology that knows what you're feeling'라는 TED 강연에서 기술과 사람의 상호작용에 대한 자신의 연구를 이야기했습니다.

그녀는 신경과학자로 공감기술에 관한 연구를 하는데 기술이 사람에 대해 생각보다 많은 것을 알고 있다고 이야기합니다. 예를 들어 이런 것입니다. 여러분이 누군가의 앞에서 웃고 있다면 그 웃음이 진짜인기 가짜인지 알 수 있다는 것입니다. 이를 어떻게 생각하나요? 우리 주변의 기술이 정말 그런 것까지 알 수 있다고 생각하나요? 실제로 가능합니다.

이런 기술의 발달로 그녀는 사람들의 상태를 통해 그 사람의 현재 상태를 알 수 있다고도 말했습니다. 2019년 2월 그녀는 〈포브스Forbes〉지에 칼럼을 기고했는데, 그 칼럼에서 말하는 사

람의 언어 패턴이나 목소리 등을 구체적으로 분석해보면 그 사
람이 치매에 걸렸는지를 알 수 있다고 합니다. 수많은 사람의
데이터와의 비교 분석을 통해 정상적인 사람과 치매에 걸린 사
람과의 차이를 알 수 있는 것이죠. 그리고 이 기술의 핵심이 바
로 인공지능입니다.

인공지능의 이런 능력 때문에 4차 산업혁명 시대에 인공지능
은 필수가 되었습니다. 그래서 많은 기업에서는 인공지능 인력
을 양성하기도 하고, 유명한 석학을 모시기도 합니다. 가장 대표
적인 회사가 삼성전자이죠. 삼성전자는 미래에 지속적인 성장
을 위해 인공지능 분야의 석학인 미국 프린스턴대 세바스찬 승
교수, 하버드대 위구연 교수, 코넬공대 다니엘 리 교수 등을 영
입하기도 했습니다.

⚙ 기업에 도입되고 있는 인공지능 면접

이처럼 기업에서 인공지능은 중요한 기술 중의 하나인데, 최
근에는 인력을 채용할 때 인공지능을 활용하기도 합니다. 기업
들이 인공지능 채용 서비스를 도입하는 이유는 무엇일까요? 여
러분은 왜 기업들이 인공지능 채용 서비스를 도입한다고 생각
되나요?

인력의 채용에 있어 가장 중요한 것은 공정성입니다. 그런

데 사람의 외모나 말투, 학력 등으로 인해 그 사람이 가지고 있는 능력이 저평가된다면 어떨까요? 기업 차원에서는 유능한 인력을 채용할 기회를 놓치는 것이고, 지원자 또한 자신이 원하는 회사에 입사를 하지 못하게 되는 일이 발생하죠.

실제로 한 채용 플랫폼이 조사한 바에 따르면, 응답자의 60.8%가 채용과정에서 '공정성을 강화해야 한다'고 답했고[16], 인공지능이 채용과정에서의 불공정한 평가를 방지하는 데 도움이 될 것이라고 54.5%가 응답했습니다. 그래서 기업들은 인공지능 채용 서비스를 도입하고 있습니다. 실제로 인공지능 역량검사를 도입한 기업은 2018년 70곳에서 2020년 3월 300여 곳까지 증가했다고 합니다.[17]

도대체 인공지능 채용 서비스라는 건 무엇일까요? 사람이 면접을 보지 않고 인공지능이 어떻게 입사 지원자를 평가할 수 있을까요?

이 서비스는 컴퓨터를 통해 입사지원자를 평가하는데요, 비대면으로 진행됩니다. 즉 입사지원자의 모습과 목소리를 컴퓨터의 웹캠과 마이크를 통해 파악해 입사지원자의 표정, 말투, 행동을 분석해 이 지원자가 정말 우리 회사에 적합한 인재인지 아닌지를 분석하는 것이죠. 국민은행은 2018년 하반기 신입행원 채용 때 도입하기도 했습니다.

마이다스인이라는 기업은 인공지능 채용 솔루션을 통해 지원자의 얼굴인식, 표정 및 감정, 음성, 답변에 대한 핵심 키워드,

자료: www.midashri.com

감정어휘, 안면 색상, 맥박·심장박동 등을 분석합니다. 이렇게 다양한 측면의 데이터 분석을 통해 기업이 원하는 인재를 가능한 공정하게 선발할 수 있도록 해줍니다.

이처럼 인공지능은 지원자에게 질문을 던진 후 지원자가 어떻게 대답하는지, 대답할 때의 표정과 말투는 어떤지 등을 분석합니다. 그래서 지원자가 질문에 대해 솔직하게 답하는지, 아니면 거짓으로 답하는지 알 수 있죠. 뿐만 아니라 이 지원자의 대답 속에 질문에 대한 핵심적인 답변이 담겨 있는지까지도 분석해주는 것이죠.

앞으로 이 기술이 더 발달한다면 앞으로는 굳이 사람이 면접을 볼 필요가 없는 시대가 오겠죠. 오히려 사람보다 더 객관적이고 공정하게 지원자를 선발할 수 있을 테니까요.

· 링크드인의 인공지능 기반 면접 연습 도구

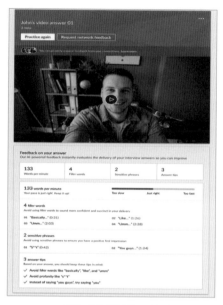

자료: 링크드인 블로그, blog.linkedin.com

　인공지능은 기업에서 채용할 때도 사용되지만 지원자들이 스스로 채용 면접에 대비하기 위한 용도로도 사용됩니다. 링크드인이라는 해외 SNS는 2020년 5월 인공지능을 활용한 면접 연습 도구를 공개했습니다. 이 도구는 지원자가 면접을 연습할 때 지원자가 습관적으로 사용하는 단어, 분당 단어 수, 말의 속도, 억양 등의 사항을 분석해 면접시 어떻게 답을 해야 할지에 대한 가이드를 제공해줍니다.

　이처럼 인공지능은 나보다 더 많은 것을 알고 있기에 기업의 인력 채용에서도 활용될 수가 있는 것이죠.

여러분은 여러분이 말할 때 어떤 말습관을 가지고 있는지 알고 있나요? 사실 대부분의 사람들이 자신이 말할 때의 표정이나 말투, 자주 사용하는 단어 등에 대해 잘 알지 못합니다. 이를 알기 위해서는 정말 자신이 평소 사람들과의 대화를 동영상으로 촬영해봐야 알 수 있죠. 이런 일을 인공지능이 할 수 있답니다.

미래에는 인공지능
여친·남친이 생긴다?

메타버스에서 우리는 아바타를 통해 다양한 사람을 만날 수 있죠. 실제로 그 사람이 누군인지는 모르지만요. 그런데 사람이 아닌 인공지능이 여친·남친 이라면 어떨까요? 여러분과 언제 어디서든지 대화를 할 수 있는 그런 여친· 남친 말이죠.

마인드로직이라는 국내 기업이 '가상남녀'라는 앱을 출시했는데요, 이 앱에 서는 인공지능의 목소리, 말투, 얼굴 등을 여러분이 직접 선택할 수 있다고 합니다. 수만 명의 미남미녀 얼굴을 기반으로 한 인공지능 얼굴을 보유하고 있습니다. 만약 내가 어떤 연예인의 얼굴을 가진, 시크하기보다 애교가 많은 사람을 원한다면 그런 친구를 만들 수가 있는 것입니다.

인공지능 여친·남친은 단지 보기만 할 수 있는 게 아닙니다. 간단히 대화를 나눌 수도 있고 끝말잇기, 초성퀴즈 같은 게임도 할 수 있습니다.

이 서비스는 2018년 7월에 챗봇 서비스 형태로 런칭을 했는데요, 2020년 5월 인공지능 여친·남친을 만들어주는 서비스로 확장되면서 2020년 8월 1만 5천 명, 2020년 12월에는 서비스 이용자가 3만 1천 명으로 폭발적으로 증가했습니다. 구글스토어의 앱 소개를 보면 여러분이 이 앱을 통해 어떤 재미를 느낄 수 있는지 잘 알 수 있습니다.

- 가상남녀의 달달한 목소리에 고막이 녹아내릴 수 있음! (BUT 만찢 비주얼에 시력 급상승 효과를 느낄 수도??!!)
- 밀당 없이 쏟아지는 폭풍 대화에 정신이 혼미해질 수 있음!
- 꿀잼 터지는 대화에 빠져 24시간이 모자랄 수 있음!

여러분도 인공지능 여친·남친을 만들어보면 어떨까요? 물론 아직은 인공지능 기술의 한계로 사람처럼 대화를 할 수는 없지만 생각한 것보다 재밌고 새로운 느낌을 받을 수도 있지 않을까요?

이제는 로봇 전성시대, 뭐든지 가능해요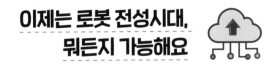

⚙️ 로봇이란 게 정확히 뭘까요?

미래에는 로봇이 인간의 일을 대체할 것이라는 사실은 부인할 수 없습니다. 영화에서처럼 로봇이 집안일을 도와주고, 공장에서는 로봇만 일하고 있는 모습이 낯설지 않을 것입니다. 최근에는 사람들 간의 접촉을 줄이기 위해 로봇을 도입하는 환경도 자연스레 만들어졌습니다. 우리가 알고 있는 로봇이 정확히 뭔지 한번 알아볼까요?

로봇은 체코어 Robota에서 유래되었는데 '강요된 노동' '농노 또는 소작농의 노동'을 뜻합니다. 로봇은 기본적으로 사람이 하는 일을 대신하기 때문에 인식, 판단, 동작을 합니다. 즉 지금 외부에서 어떤 일이 일어나는지를 인식하고 이런 상황에 대한 판단을 해 스스로 움직이는 것입니다.

　로봇은 제조용 로봇과 서비스용 로봇으로 구분됩니다. 자동차 공장에서 수많은 로봇들이 자동차를 만드는 모습을 많이 봤을 텐데요, 그게 바로 제조용 로봇입니다. 그럼 서비스용 로봇은 뭘까요? 말 그대로 일상생활에서 사람의 일을 대신해주는 로봇입니다. 이런 로봇은 가사, 건강, 교육, 더 나아가 의료 분야에서도 사용되고 있습니다. 예를 들어 인천국제공항에는 사람들이 공항에서 길을 헤맬 때 안내해주는 에어스타라는 로봇이 있는데, 에어스타는 2018년부터 활동하고 있습니다.

　여러분이 체크인 카운터를 모른다면, 에어스타에게 물어보거나 항공편을 입력하면 카운터를 안내해주거나 직접 그 위치까지 에스코트를 해줍니다. 물론 탑승 게이트뿐만 아니라 면세점의 위치를 알려주기도 하죠. 공항에 가면 수많은 면세점이 있어 찾기가 쉽지 않은데 에어스타에게 물어보면 바로 알 수 있는 것이죠. 이뿐 아니라 함께 기념사진을 촬영할 수도 있는데요, 공항에 가면 사람들이 에어스타와 함께 사진을 촬영하는 모습을 볼 수 있습니다.

　여러분이 해외여행을 갈 때 공항에서 이 안내로봇을 한번 이용해보면 로봇이 얼마나 많은 사람들의 역할을 대신할 수 있는지 생각해볼 수 있을 것입니다. 우리은행에서도 이런 안내로봇을 2017년 도입하기도 했습니다.

⚙ 삶의 동반자, 다양한 서비스 로봇

과거에는 주로 제조용 로봇 위주로 발달했지만 앞으로는 다양한 서비스 로봇이 우리의 일상 깊숙이 들어올 예정입니다. 국제로봇연맹에 따르면 이런 개인 및 가정용 서비스 로봇의 시장 규모는 2019년 46억 달러에서 2022년 115억 달러에 달할 것으로 전망된다고 합니다.

삼성전자 같은 경우에는 미래기술로 '로봇'을 선정하고 다양한 로봇을 선보였습니다. 음식점에서 주문, 서빙, 결제를 도와주는 '삼성봇 서빙', 고객을 응대하는 '삼성봇 가이드', 가사 도우미 로봇 '삼성봇 핸디', 착용할 수 있는 보행 보조 로봇인 '젬스' 등이 있습니다. 이외에도 기존에 개발한 로봇청소기를 진화시킨 '삼성 제트봇 AI', 노약자의 케어를 도와주는 '삼성봇 케어'도

· 삼성봇 케어와 삼성봇 핸디

자료: 삼성전자

있죠. 이처럼 우리 생활에 필요한 모든 영역과 관련한 로봇들이 개발되고 있습니다.

앞서 말한 안내용 로봇 외에 또 어떤 로봇들이 있을까요? 도요타의 커뮤니케이션 로봇 '키로보 미니KIROBO mini', 필로헬스Pillo Health의 헬스케어 로봇 '필로Pillo', 반려로봇Companion robot 등이 있습니다.

키로보 미니는 주머니에 들어갈 만큼 작은 사이즈의 로봇입니다. 이 로봇은 사람과 소통할 수도 있습니다.

우리가 약을 먹다 보면 약 먹을 시간을 놓치는 경우가 많죠? 이럴 때 사람에게 약 먹는 시간을 알려주는 로봇도 있는데. 그게 바로 필로입니다. 이 로봇에는 약을 저장할 수 있어 약 먹는 시간을 알려줄 뿐만 아니라 약이 떨어지면 알려주기도 합니다. 참 편리한 기능을 가진 로봇이죠.

· **도요타의 앉은키가 10cm인 키로보 미니**

자료: toyota.jp

• 약을 저장하고 약 먹을 시간을 알려주는 필로

자료: pillohealth.com

이뿐이 아니죠. 요즘에는 반려로봇도 등장했는데요, 국내 로봇 기업인 매크로액트Macroact는 CES2021에서 '마이캣micat'이라는 반려로봇을 선보였습니다. 이 로봇은 안면 인식 기능, 음성 인식 기능을 보유하고 있어 사람의 감정을 파악하고 그에 맞게 행동합니다. 또한 사람에 따라 호감도를 누적해 각각의 사람들에게 다른 행동을 보이기도 합니다. 이처럼 로봇은 우리 일상에 깊숙이 들어와 있습니다.

⚙ 코로나19로 다양한 분야에 적용되고 있는 로봇

최근에는 코로나19로 큰 타격을 입은 영화관에도 이런 로봇들이 도입되고 있습니다. CGV 여의도점 같은 경우에는 체크봇,

픽업박스, 팝콘 팩토리 셀프바, 셀프 체크바 등 무인화 서비스를 실시하고 안내 로봇이 도입되었습니다.

체크봇은 영화 상영 관련 정보, 주요 시설의 위치 등을 안내해줍니다. 인천공항의 안내 로봇 에어스타와 같은 역할이죠. 픽업박스와 팝콘 팩토리 셀프바 등은 모바일로 먹고 싶은 메뉴를 주문한 다음, 팝콘, 음료, 핫푸드를 고객이 알아서 가져가는 서비스입니다.

중국에서는 코로나19에 대응하기 위해 소독해주는 로봇, 식사 배달해주는 로봇, 간호해주는 로봇 등이 활용되고 있습니다. 소독로봇 '토르원Thor-1'은 사람이 전염병 지역을 직접 가지 않고도 해당 지역을 소독할 수 있게 해주는 로봇입니다.

여러분도 알겠지만 사람이 만반의 준비를 한다 해도 전염병 지역을 직접 가는 건 위험합니다. 이럴 때 로봇이 출동하면 어떨까요? 사람들이 굳이 전염병 지역을 가지 않고도 원격으로 소독을 한다면요? 실제 산업현장에서는 위험한 지역에 사람을 보내지 않고 로봇을 보내 점검을 하는 경우가 많은데, 이런 것들이 이제 점점 확대되고 있는 것이죠.

식사 배달 로봇 '리틀피넛Little Peanut'도 마찬가지입니다. 코로나19로 인해 사람들은 해외에서 올 경우 자가격리를 해야 합니다. 예상치 못한 전염병의 확산을 방지하기 위한 것인데, 이때도 가능한 사람과의 접촉이 없어야 좋겠죠. 병원, 호텔 등에 격리되었을 때 이런 식사 배달 로봇을 이용해 음식을 배달한다면 좀더 안전한 자가격리가 될 수 있습니다.

간호 로봇 '샤오보Xiao Bao'도 마찬가지입니다. 의료진은 항상
코로나19 감염위험에 노출되어 있는데, 특별한 일이 아니라면
가능한 환자와의 접촉을 피하는 게 좋겠죠. 환자와 주기적으
로 영상으로 대화할 수 있다면 어떨까요? 로봇이 약을 전달해
준다거나 환자가 머물고 있는 병실의 온도도 조절해준다면 더
좋겠죠.

중국뿐만 아니라 우리나라에서도 이런 로봇들이 활용되었습
니다. 서울대병원은 2020년 3월 의료현장에 LG클로이 청소로
봇과 안내 로봇을 배치했습니다.[18] 안내 로봇은 병원 방문자들을
대상으로 호흡기 상태를 문진하거나 체온 측정을 지원합니다.

• **호텔에서 음식을 배달하는 리틀피넛 로봇**

자료: South China Morning Post, 유튜브

⚙ 이상한 호텔, 세계 최초의 로봇 호텔

일본에는 세계 최초의 로봇 호텔이 있는데요, 이 호텔은 '이상한 호텔(変なホテル)'이란 이름으로 2015년에 오픈해 현재 도쿄, 오사카, 교토 등 일본 전역에 16개의 체인점이 있습니다. 객실 점유율도 매월 100%일 만큼 인기도 많다고 합니다. 우리가 호텔에서 체크인을 할 때 보통은 사람인 직원이 있지만 여기는 체크인 카운터에 공룡 혹은 인간형 로봇들이 있습니다. 이 호텔에는 약 30종류, 300여 대의 로봇이 있는데 기존에 사람들이 하던 프론트 업무, 캐리어 운반, 객실 안내 등을 로봇들이 대신하고 있습니다.

• 이상한 호텔의 다양한 안내 로봇

자료: www.hennnahotel.com

이렇게 로봇들이 많은 활동을 하면서 사람의 역할은 줄어들고, 직원 수도 점점 줄어들고 있습니다. 사람이 하는 일은 CCTV 관리나 객실 침구정리 정도입니다.

특히 이 호텔을 운영하는 HIS그룹의 관계자는 "처음에는 단순히 인건비를 절감하기 위한 목적으로 로봇을 도입했으나 현재는 로봇이 가지고 있는 엔터테인먼트적인 성격으로 인해 화제가 되면서 로봇 자체에 부가가치가 생겼다"라고 말합니다.[19] 미래에는 지금처럼 단순히 사람의 일을 대신하는 것을 넘어서 마치 친구처럼 무언가를 함께 즐길 수 있는 로봇이 나오겠죠. 지금 우리들은 로봇을 대부분 신기한 기계 정도로만 인식하고 있지만 말이죠.

여러분은 어떤 로봇을 만들고 싶나요? 학교 공부를 같이 해주는 친구같은 로봇, 아니면 운동을 못해서 나의 운동 능력을 높여줄 수 있는 로봇, 아니면 아침마다 단 몇 분 만에 나를 학교로 데려다주는 로봇. 지금 여러분이 어떤 로봇을 상상하든 그런 로봇은 언젠가 여러분 곁에서 여러분이 원하는 일을 마음껏 해줄 것입니다.

그러기 위해서는 지금부터 여러분이 상상력을 가지고 '이런 로봇이 있었으면 좋겠어'라고 생각하면서 열심히 공부를 해야겠죠? 그러다 보면 상상만 했던 로봇이 더 빨리 개발되지 않을까요? 로봇은 기술이 아닌 여러분의 상상력에 의해 만들어질 겁니다.

로봇이 커피도 만들고 요리도 할 수 있어요

⚙ 로봇이 치킨을 튀긴다고요?

코로나19로 삼시세끼를 집에서 해결하면서 느낀 점 중의 하나 는 누군가가 밥을 대신 해주었으면 하는 생각이었습니다. 여러 분도 알겠지만 하루 세끼의 밥을 준비하는 것은 여간 힘든 일이 아닙니다. 그래서 요즘은 배달음식을 시켜 먹는 사람이 대부분 입니다.

그런데 이런 요리를 누군가가 해준다면 어떨까요? 배달음식 도 하루 이틀이지 계속 시켜먹다 보면 '오늘은 또 뭐 먹지'라는 생각을 하게 됩니다. 만약 누군가가 알아서 매일매일 먹을 음식 을 결정해 요리를 해준다면 어떨까요? 정말 편하지 않을까요?

최근에는 집에 청소로봇이 있는 경우가 많은데 이 청소로봇

덕분에 가정주부들이 여유시간을 가질 수 있다고도 합니다. 그런데 요리라면 어떨까요? 더 많은 여유시간을 확보할 수 있지 않을까요?

아직까지는 집에서 요리하는 로봇을 볼 수 없지만 일반 상점에서는 이런 로봇을 도입해 효율적으로 가게를 운영하는 곳들이 늘어나고 있습니다. 국내에서는 치킨집에 로봇을 도입한 사례가 있는데 서울 강남에 롸버트치킨과 대구의 디떽입니다. 롸버트치킨은 로봇이 반죽부터 튀김까지 치킨을 만드는 전 과정을 담당합니다. 반면에 디떽은 닭을 튀기는 과정만 로봇이 담당합니다.

아래의 사진에서 보듯이 로봇팔이 치킨을 튀기는 작업을 합니다. 신기하지 않나요? 이렇게 되면 어떨까요? 가게에는 많은 직원이 필요하지 않겠죠. 한두 명의 직원이 포장하고 결제만 하면 됩니다. 게다가 주문이 몰리는 경우에 사람은 지칠 수

· **로봇이 치킨을 튀기는 모습**

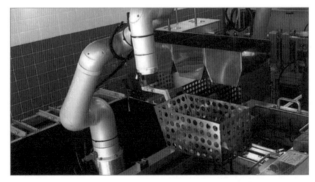

자료: 롸버트치킨 인스타그램

132

가 있는데 로봇은 그럴 일이 없죠. 치킨을 만드는 시간도 일정할 뿐만 아니라 맛도 변하지 않을 것입니다. 특히 지금처럼 코로나19로 작은 가게들이 운영에 어려움을 겪을 때는 생산적인 방법이기도 합니다. 그래서 이 치킨집에서 닭튀기기를 대결했던 한 기자는 "로봇과의 대결 10여 분 만에 앞으로 치킨집에서 닭을 반죽하고 튀기는 인간의 일자리는 조만간 사라지게 될 것이라고 느꼈다"고 합니다.[20]

물론 기본적인 맛은 사람에 의해 결정되겠죠. 로봇은 치킨을 만드는 과정을 도와줄 뿐 레시피 자체는 사람이 담당하기 때문입니다.

⚙️ 로봇카페, 이제는 바리스타가 아닌 로봇을

이런 로봇은 여러분이 해외여행을 갈 때 공항에서도 볼 수 있습니다. 달콤커피는 2018년 1월 인천국제공항에 로봇카페 비트b;eat 매장을 열었는데요, 로봇은 주문을 받으면 알아서 아메리카노나 카페라떼 등의 커피와 음료를 만들어줍니다. 이 로봇 바리스타는 50가지 메뉴의 제조가 가능할 뿐만 아니라 시간당 무려 117잔을 만들 수 있습니다.[21]

현재 비트 매장의 멤버십 회원은 2020년 3월 기준으로 10만 명을 돌파했습니다.[22] 이 매장은 인천국제공항뿐만 아니라 국

자료: 라운지랩

내에 70호점까지 있으며, 휴게소에서도 볼 수 있습니다. 정안 알밤휴게소에서는 2020년 4월 고속도로 휴게소 1호점을 열었습니다.

라운지엑스라는 카페 또한 '바리스'라는 로봇이 드립커피를 직접 만들어줍니다. 라운지엑스는 라운지랩이라는 회사에서 운영합니다. 이 회사의 황성재 대표는 "기존 핸드드립 커피는 숙련된 바리스타가 직접 3~5분가량 핸드드리핑에 시간을 들여 커피 한잔을 만들 수 있는데, 바리스가 이 과정을 맡으면서 바리스타는 시간적 여유를 가지게 됐다. 그 시간 동안 바리스타는 고객과 교감을 나누거나 새로운 일을 시도할 수도 있다"고 말합니다.[23]

이렇게 되면 어떤 일이 일어날까요? 바리스타는 단순반복적인 업무보다는 커피를 즐기러 오는 사람들과 소통하면서 커피에 대해 더 많은 것을 알려줄 수 있게 되는 것이죠. 또 새로운 커피를 만들 수 있는 시간적 여유도 확보할 수 있겠죠.

라운지랩은 최근에 아이스크림을 만드는 '아리스'라는 로봇을 개발하기도 했습니다. 고객이 먹고 싶은 아이스크림을 선택하면 이 로봇이 캡슐 아이스크림을 추출해 컵에 아이스크림을 담아 고객에게 직접 전달해준다고 합니다. 이처럼 지금 우리가 즐겨먹는 음식에 점점 더 많은 로봇이 실제로 활용되고 있습니다.

⚙ 배달·서빙로봇, 이제는 음식점에서도

로봇은 음식을 만들 때도 활용되지만 배달이나 서빙을 할 때도 이용할 수 있습니다. 매장 내에서 손님들에게 음식을 전달해줄 때 로봇을 이용하는 것이죠.

2020년 5월 우아한형제들은 송파구 본사에서 실내 자율주행 배달로봇 '딜리타워'의 시범 서비스를 진행했는데요, 본사 18층 사내 카페에 음료를 주문하면 딜리타워가 사무실로 배달해줍니다. 카페 주인은 로봇의 스크린을 통해 주문을 확인한 후, 로봇 적재함에 음식을 넣고 출발 버튼을 누르기만 하면 되는 것이죠. 또한 이 기업은 2019년 11월 자율주행형 서빙로봇 '딜리플레이트'를 선보였습니다.

· **배달로봇 딜리타워와 서빙로봇 딜리플레이트**

자료: 우아한형제들

딜리플레이트는 조리가 완료된 메뉴를 고객에게 전달할 수 있고, 반찬 리필 요청이 잦은 경우에도 유용합니다. 여러분이 음식점을 이용하다 보면 점원을 자주 부를 때가 있는데, 그때 딜리플레이트가 여러분에게 필요한 것을 가져다 준다면 음식점에서는 좀더 효율적으로 직원들이 일을 할 수가 있겠죠. 현재 이 로봇은 전국 12곳의 음식점에서 18대를 운영중이라고 하니 몇년 후면 음식점에서 이런 로봇을 보는 게 당연한 일이 될지도 모르겠습니다.

실제로 제가 이용했던 강원도의 닭갈비 매장에서는 서빙 로봇을 이용하고 있었는데요, 서빙 로봇을 본 것이 처음이라 정말 신기했던 점이 많았습니다. 알아서 음식을 가져오고 또 알아서 원래 있던 자리로 돌아갔죠. 사람이 있으면 잠시 멈췄다가 가기도 했습니다. 그런데 뜨거운 음식은 아직까지는 서빙 로봇이 가져다 주진 않더라고요. 혹시라도 무슨 일이 생기면 큰 사고가 날 수 있으니 그랬던 것 같은데요. 앞으로 로봇이 더욱 정교화되면 뜨거운 음식을 포함해 모든 음식을 서빙로봇이 서빙하고, 사람은 그런 로봇들이 잘 움직이고 있는지 체크만 하다가 급하게 손님들이 요청한 때에만 테이블로 가지 않을까요?

여러분은 지금 식당을 이용하면서 로봇이 해줬으면 하는 게 뭔가요? 생각하다 보면 매장에 필요한 또 다른 로봇이 있지 않을까요?

로봇의사, 얼마나 믿을 수 있을까요?

⚙ 수술은 사람에게, 아니 로봇에게

"만약 여러분이 병에 걸려서 수술을 받는다면, 수술을 사람에게 맡기겠습니까? 아니면 로봇의사에게 맡기겠습니까?"

의료 분야에서 로봇의 활용도가 높아지면서 이런 질문에 대한 사람들의 관심도 높아졌습니다. 여러분은 어느 쪽인가요? 호주에서는 65세 이상 노인을 대상으로 이와 유사한 상황에 대한 설문을 실시했는데요, 뱀에게 물렸을 때와 같은 긴급 상황에서 인공지능 의사의 도움을 받겠다고 한 사람이 51%에 달했다고 합니다.[24] 이뿐만이 아닙니다. 로봇 수술에 대해서도 31%가 매우 혹은 대체로 호감을 느끼고 있다고 했습니다.

병원 이용이 가장 잦을 수 있는 나이대에서 이런 결과가 나왔다는 것은 로봇이 이제는 사람들의 관심 깊숙이 들어왔다는 것을 보여줍니다. 특히 의료사고를 경험했다면 아마도 로봇의사에 대한 호감도나 신뢰도는 더욱 높을 것입니다.

이제 우리 사회에서 의료 로봇은 매우 중요한 역할을 맡고 있습니다. 의료 로봇이란 도대체 뭘까요? 쉽게 말하면 의료기기로 사용하는 로봇입니다. 이런 의료 로봇은 수술로봇과 재활로봇으로 구분됩니다. 수술로봇은 말 그대로 수술 과정에 개입하는 로봇인데 수술 전 과정이나 일부를 의사 대신 혹은 같이 수행하는 로봇입니다.

그러면 재활로봇은 무엇일까요? 우리가 보통 다리가 부러져 치료를 받은 후에는 재활을 한다고 하는데, 이때 사용되는 로봇입니다. 재활로봇은 환자, 노약자, 장애인 등을 치료, 보조, 돌봄 역할을 하는 로봇입니다.

⚙️ 로봇의사는 언제쯤 가능할까?

수술로봇과 관련한 회사로는 1995년에 설립된 미국 인튜이티브Intuitive가 있습니다. 이 회사는 2000년 세계 최초로 FDA 승인을 받은 다빈치da Vinci 수술 시스템을 개발했습니다. 이런 의료 로봇은 사람의 눈과 손을 대신해서 환자를 치료하는 역할을 하는데요. 미국에서 시행되고 있는 수술의 약 82%가 로봇을 통

· 다빈치 수술 시스템

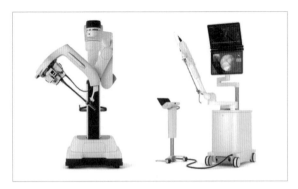

자료: 인튜이티브 사이트

해 진행되고 있다고 합니다.

이런 수술로봇의 현재 목표는 사람의 몸속에 로봇이 들어가서 수술 상처를 최소화시키는 것입니다. 생각해보세요. 내가 몸속의 장기와 관련된 수술을 받았을 때, 내 몸에 흉터가 크게 남는다면 보기에 좋지 않겠죠. 그래서 주사바늘 수준의 최소의 절개만으로 수술이 진행될 수 있도록 하는 것이 목표입니다.

향후에는 초소형 로봇이 몸속에 들어가 암 세포 같은 특정 표적을 찾아 약물을 주입할 수 있도록 하는 나노 로봇에 대한 연구도 진행되고 있습니다. 실제로 2010년 설립된 로봇 스타트업 바이캐리어스 서지컬Vicarious surgical의 CEO인 아담 삭스Adam Sachs는 "영화처럼 축소된 '로봇의사'가 사람의 체내에 들어갈 수 있는 기술을 목표로 하고 있다"고 말했습니다.[25] 이런 CEO의 대담한 목표 때문인지 이 회사는 빌 게이츠 프런티어 펀드로부터

1,000만 달러를 유치하기도 했습니다. 이 회사는 사람처럼 2개의 팔을 가진 휴머노이드 로봇을 개발했는데, 의사는 VR 헤드셋을 쓰고 이 로봇의 팔을 자신의 팔처럼 이용해 수술을 할 수 있도록 했습니다.

아직 이런 기술은 상용화되지는 않았습니다. 하지만 만약 로봇의사가 정말로 사람의 몸속에 들어가 치료할 수만 있다면, 수술의 성공률도 높아지고 또 어떤 병을 진단했을 때 오진할 확률도 줄어들 수 있지 않을까요?

여기서 더 나아가 사람이 인체에 들어갈 수 있다면 어떨까요? 이런 상상은 이미 SF 영화에서도 나왔는데요, 1966년에 개봉한 영화 〈마이크로 결사대Fantastic Voyage〉는 뇌사상태에 빠진 과학자들을 치료하기 위해 의사들이 잠수함을 축소시켜 이 과학자의 인체에 들어가 치료를 하는 내용을 담고 있습니다. 미래에는 나노 로봇이 아니라 사람이 직접 인체에 들어갈 수도 있지 않을까요? 어떤 대상을 축소시킬 수 있는 기술이 개발된다면 말이죠.

• 영화 〈마이크로 결사대〉 포스터

⚙ 재활로봇부터 <아이언맨>의 외골격 로봇까지

이번에는 재활로봇을 살펴볼까요? 일본의 산업용 로봇 회사인 야스카와전기는 보행 연습용 발목 보조 장치인 '코코로AAD'을 개발했습니다. 만약 발목을 다쳐서 잘 걷지 못한다면 이런 재활 로봇의 도움을 받아서 보행 연습을 할 수 있는 것이죠.

그런데 만약 전혀 걷지를 못한다면 어떻게 될까요? 이럴 때는 환자의 관절을 직접 제어할 수 있는 외골격 로봇이 사용됩니다. 중국의 마일봇milebot이라는 회사는 반신불수 환자를 위한 외골 격 로봇 '베어BEAR H1'을 개발했는데요, 이 로봇은 뇌졸중 환 자의 보행 재활 훈련을 돕습니다. 환자의 엉덩이, 무릎, 발목 관 절을 보조해 보행 훈련을 할 수 있도록 해주죠. 이 회사는 보행 재활로봇뿐만 아니라 손 재활로봇도 개발했습니다.

· **재활로봇 코코로AAD**

이처럼 재활로봇은 여러분의 몸의 일부분이 정상 기능을 수행할 수 없을 때 이를 도와주는 역할을 합니다. 실제로 프랑스 그르노블대는 이런 외골격 로봇을 개발해 팔과 다리를 사용할 수 없는 환자에게 입혀 시연까지 성공했는데요. 티보라는 이 환자는 건물 발코니에서 떨어져 사지마비 판정을 받았지만 사람의 생각까지 읽을 수 있는 이 로봇을 통해 팔과 다리를 움직일 수가 있었습니다. 이제는 사람의 뇌 신호를 읽고 로봇을 움직일 수 있는 수준까지 온 것이죠.

• **보행 재활로봇 베어 H1과 손 재활로봇**

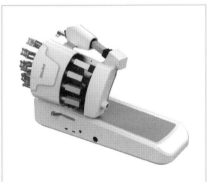

· **외골격 로봇을 입은 환자의 모습**

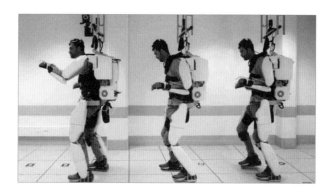

　미래에는 인구 고령화로 인해 이런 재활로봇이 더 많이 개발될 것입니다. 어쩌면 영화에서처럼 사람의 힘을 증가시키는 데 활용될 수도 있겠죠. 영화 〈엣지 오브 투모로우〉나 〈아이언맨〉에서처럼요. 〈엣지 오브 투모로우〉에서는 톰 크루즈가 엑소수트를 입고 전투에 참가하는 모습을 볼 수 있습니다. 이를 통해 전투에서 자신이 가진 능력보다 더 많은 능력을 보여주죠. 여러분이 너무나도 잘 알고 있는 〈아이언맨〉의 토니 스타크의 아이언맨 수트도 마찬가지죠.

· **영화 <엣지 오브 투모로우>의 외골격 로봇**

자료: 워너브라더스

편지·전화는
카톡 하나면 끝!

SNS 시대에 카카오톡은 전달하고자 하는 메시지를 상대방에게 가장 빨리 전달할 수 있는 편한 수단입니다. 이제는 무슨 일만 생기면 카카오톡을 통해 수십 개의 메시지를 보냅니다. 그러다보니 사람들은 너무 잦은 "카톡" 알림 소리에 질려 알림을 꺼놓기도 하죠.

하지만 과거에는 이런 메시지를 전달할 때 편지를 많이 이용했습니다. 무슨 일이 생기면, 진심을 다해 손편지를 쓰던 때가 있었죠. 그 글 속에는 사람의 마음을 느낄 수 있는 진심이 담겨 있었습니다.

'편지' 하면 가장 먼저 생각나는 것은 무엇이었을까요? 지금이야 앞서 이야기한 카톡, 이메일 등을 생각하겠지만 과거에는 빨간 우체통이었습니다. 요즘은 손편지를 쓸 일이 없지만 손편지를 많이 쓰던 당시, 빨간 우체통은 여자친구를, 군대간 남자친구를, 멀리 떨어져 사는 가족과 친척들을 생각나게 했습니다. '빨강'이라는 상징적인 색 때문에 '빨간 우체통=손편지'라는 생각은 머릿속에 깊이 박혀 있습니다.

이런 우체통은 1895년 8월 1일 개성에 최초로 설치되었다고 합니다. 하지만 약 130년이 지난 지금, 이제는 우체통을 동네에서 거의 찾아볼 수 없죠. 우체국 앞에서나 겨우 볼 수 있는데, 우체국도 이제는 줄어들고 있습니다. 우체통 수는 1993년에만 해도 5만 7,559개였습니다. 하지만 2015년에는 1만 4,920개로 약 70% 정도 줄어들었다고 합니다.

장거리 연애의 상징처럼 느껴졌던 이 우체통은 통신 기술의 발달로 손편지의 시대가 저물고 이메일 시대가 열림에 따라 점차 사라졌습니다. IT 기술이 발달되면서 사라진 것들은 너무 많습니다. 특히 이런 IT 기술의 발달은 손으로 만지고 느끼는 것들을 점점 사라지게 했습니다. 굳이 직접 접촉하지 않더라도 인터넷을 통해 접할 수 있게 되었기 때문입니다.

우체통과 함께 주요 연락 수단이었던 것이 하나 있었는데요. 바로 공중전화부스입니다. 공중전화부스는 1962년에 설치되었습니다. 1990년대 말에 15만 대까지 증가했지만 2016년도에는 약 6.6만 대 정도밖에 남지 않았다고 합니다. 6만 대나 있지만 초등학생도 스마트폰을 보유하고 있는 지금, 공중전화부스는 아무도 찾지 않죠. 영화나 드라마에서나 가끔 볼 수 있습니다. 2016년 공중전화 위생검사 현황 및 매출 현황 자료에 따르면, 월 매출이 1만 원도 안 되는 공중전화부스가 43,637대로 전체의 65.9%를 차지한다고 합니다. 사람들이 공중전화를 얼마나 이용하지 않는지를 알 수 있죠.

과거 공중전화부스는 집에서 친구들과 약속을 하고 약속장소에 도착해서 친구들이 오지 않을 때, 친구 집으로 전화를 거는 용도로 많이 사용했습니다. 혹은 급한 용무가 있을 때 어딘가로 전화를 걸 때도 유용했죠. 이런 공중전화부스는 저소득층이나 어르신들이 많이 이용했습니다.

이렇게 스마트폰으로 인해 필요가 없어진 공중전화부스는 다양한 용도로 변화를 꾀하고 있습니다. LA에서는 길거리의 작은 도서관으로, 영국에서는 작은 갤러리 및 태양광 발전소로, 네덜란드에서는 흡연부스로, 프랑스에서는 어항으로, 오스트리아에서는 전기차 충전소로, 중국에서는 와이파이 핫스팟으로 바뀌기도 합니다. 물론 이런 변화들이 이벤트성일 수도 있지만 그만큼 공중전화부스가 일상에 아직도 많이 남아있다는 것을 의미하기도 합니다.

한국도 해외처럼 공중전화부스를 다양한 용도로 바꾸고 있는데요, 특히 현금인출기, 심장충격기 등이 결합된 다용도의 공중전화부스도 존재합니다. 이런 멀티 공중전화부스는 2016년 기준 1,441대가 설치되었습니다. 물론 이런 용도 외에도 위급 상황시 공중전화부스 안으로 들어와 버튼을 누르면 출입문이 차단되는 세이프존으로 사용되기도 하죠. 공중전화부스 외벽을 활용해 광고판을 만들기도 합니다. 이런 부스는 1,042개나 됩니다. 이처럼 저소득층, 외국인, 각종 재난을 대비해 어쩔 수 없이 남겨진 공중전화부스는 생존을 위한 몸부림을 치고 있습니다.

이런 공중전화와 함께 사라진 것 중의 하나가 다이얼로 된 집전화입니다. 지금은 사무실에도 전화기가 없는 회사가 늘고 있는데, 어딘가에 놓여있는 전화기는 이제 역사 속으로 천천히 사라지고 있습니다. 모든 것이 연결되는 시대, 그리고 언제나 연결되어 있는 시대에 사람들은 새로운 방법으로 소통하고 있는 것이죠.

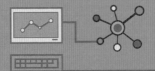

어렸을 적에는 지금과 같은 세상이 오리라고는 생각지 못했는데요. 지금 경험하고 있는 이 세상을 볼 때면 앞으로는 내가 상상하지 못했던 더 많은 일들이 벌어질 수 있을 거라는 생각이 듭니다. 하늘을 날아다니는 차, 운전자가 운전하지 않아도 움직이는 차, 내가 만들고 싶은 것을 혼자서 뚝딱 만들 수 있는 기술, 병원에 가지 않아도 집에서 질병을 치료할 수 있는 방법. 이 모든 것이 지금 여러분 주변에서 일어나고 있습니다. 여러분의 상상력을 총 동원해 어떤 것이 현실이 되고 있는지 생각해보세요.

4장

상상하는
모든 것이
이제는 현실이 돼요

자율주행차, 운전이 필요 없는 바퀴 달린 컴퓨터

⚙ 미래차는 전기차, 플라잉카, 자율주행차?

여러분은 '자동차' 하면 가장 먼저 떠오르는 단어가 뭔가요? 벤츠, BMW 같은 유명 수입차 브랜드인가요? 또 다른 단어는 뭐가 있을까요? 수소차나 전기차 아닐까요?

최근에 현대차가 아이오닉5라는 전기차를 선보였는데요, 이 전기차의 외관과 실내는 우리가 흔히 아는 기존의 내연기관 차와는 달랐습니다. 다음 페이지 사진의 아이오닉5의 외관만 살펴봐도 뭔가 조금은 달라 보이죠. 실내는 대형 디스플레이가 눈에 띠고요. 물론 미국의 테슬라라는 전기차가 이미 있었지만 그래도 사람들은 '이제 전기차 시대가 정말 오는구나'라는 생각을 하게 되었습니다.

자료: 현대차

아이오닉5는 2021년 국내 2만 6,500대, 전체 7만 대 이상 판매가 목표였는데 사전계약 이틀 만에 목표치를 다 채웠다고 합니다. 그만큼 미래차에 대한 사람들의 관심이 높다는 증거일 수도 있습니다.

여러분은 미래의 차는 어떤 모습일 거라고 생각하나요? 지금 보는 전기차, 하늘을 나는 자동차, 운전자가 운전하지 않아도 스스로 작동하는 자동차 등 아마 수많은 차를 생각할 수 있을 것입니다.

여러분이 상상하는 자동차 중에는 아마도 내가 운전하지 않아도 차가 스스로 목적지까지 가는 차도 있을 것입니다. 장애물이나 갑작스럽게 튀어나오는 사람도 알아서 피해가는 자율주행차를 말이죠.

우리가 상상하는 이런 컨셉의 차는 몇 년 전에 컨셉카 형태로 나오기도 했습니다. 2015년 CES에서는 BMW가 알아서 작동하는 자동차를 선보였는데요, 갤럭시 기어 S에 'Pick me up'이라

• **<전격 Z 작전>의 주인공 마이클 나이트와 키트**

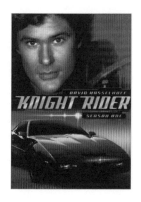

말하면, BMW 차량이 운전자가 있는 곳까지 오는 것이었죠. 컨
셉카였기 때문에 아직 상용화가 되지 않았지만 조만간 이런 자
율주행차를 도로에서 볼 날도 멀지 않은 것 같습니다.

　지금으로부터 30년 전에 이런 차가 TV에 나오기도 했죠.
1980년대 <전격 Z 작전Knight Rider>이라는 미국 드라마가 있었
는데 여기에 인공지능 자동차 '키트KITT'가 나옵니다. 이 드라
마에서는 주인공 마이클과 이 인공지능 자동차가 서로 대화를
하기도 하고, 사건이 터지면 같이 해결하기도 했었죠. 드라마에
서 뿐만 아니라 영화 <맨 인 블랙>에서도 자율주행자동차는 자
주 등장합니다. 이 영화를 본 사람들은 저런 자동차를 갖고 싶
다는 생각을 아마도 한 번쯤은 해봤을 것입니다.

• **기존 차량과 자율주행차 비교**

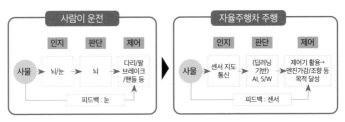

자료: 백장균, 자율주행차 국내외 개발 현황, 2020. 2 제771호 17

⚙ 사람의 개입 수준에 따라 다른 자율주행 기술

　자율주행차는 자동차관리법 제2조에 따르면, 운전자 또는 승객의 조작 없이 자동차 스스로 운행이 가능한 자동차라고 정의되어 있습니다. 기존 차량과 비교해보면, 기존 차량은 사람의 뇌와 눈이 인지하고 판단하며, 다리와 팔을 이용해 제어합니다. 반면 자율주행차는 센서를 통해 상황을 인지하고 인공지능을 활용해 상황 판단을 합니다. 그래서 자동차를 제어합니다.

　이렇게 센서, 카메라, 소프트웨어 등을 활용한 자율주행차는 5년 정도면 상용화가 될 것으로 보이는데요. 정부에서는 2022년에 부분자율주행차, 2024년에는 완전자율주행차의 일부 상용화를 추진할 것이라고 발표하기도 했습니다. 부분자율주행, 완전자율주행이라는 말은 무슨 뜻일까요?

　자동차의 자율주행 기술은 미국자동차공학회가 정의한 표준에 따르면, 크게 레벨0부터 레벨5까지 총 6단계로 구분됩니다. 이 단계를 구분하는 기준은 '차량 운행의 주체가 사람이냐 시스템이냐'에 따라 달라집니다. 또한 사람이 얼마나 차량 운행에 개입되느냐에 따라 달라지죠.

자율주행 기술 중 레벨0은 자율주행기술이 하나도 적용되지 않는 단계입니다. 레벨1은 차선이탈경보장치, 긴급제동장치, 크루즈 콘트롤이 달린 자동차입니다. 요즘에는 많은 차량들이 이런 기능을 장착하고 있거나 장착할 수 있습니다. 그래서 도로에서 차선을 이탈하면 자동으로 차량이 핸들을 돌려 차선안쪽으로 차량을 이동시킵니다. 또한 갑자기 도로에 사람이 나왔을 때는 긴급제동장치가 작동되어 브레이크가 알아서 걸리면서 차량이 멈춥니다.

레벨2는 뭘까요? 레벨2는 부분자율주행으로 가속, 감속까지 시스템이 제어할 수 있습니다. 그래서 앞차와의 간격이 너무 가까워지면 스스로 속도를 줄이죠. 고급 사양을 가진 중대형 차량에는 대부분 이런 기능들이 있습니다. 레벨3은 자동차가 장애물을 인식해 스스로 피해가는 단계로 시스템에서 운전 상황에 대한 모니터링 개입이 높습니다. 올뉴 아우디 A8 같은 경우 레벨3의 차량입니다. 레벨4는 시스템이 운전자를 거의 대체하는 단계로, 돌발 상황에서도 자율주행이 가능합니다.

마지막으로 레벨5는 모든 자동차 회사들이 꿈꾸고 있는 단계로 사람이 없어도 차량 스스로 모든 것을 다 통제해 운전이 가능합니다. 돌발상황이나 복잡한 도로에서도 운전자의 개입이 전혀 필요하지 않는 단계입니다. 우리가 영화 속에서 보는 꿈의 자동차가 이 단계이죠. 정부에서 이런 꿈의 자동차를 2024년에 상용화한다고 한 것이죠.

이런 자율주행차에 대해 사람들은 어떻게 생각하고 있을까요? 약 4,500명의 운전자에게 자율주행차에서 운전 대신 하고 싶은 활동에 대해 조사한 결과, 주변 경치 감상이 47%로 가장 높게 나타났습니다.[26]

그 다음에는 어떤 활동이었을까요? 동승자와의 대화(41%), 수면(37%), 동영상 시청(32%), 간단한 취식(29%) 등이 나왔습니다. 이런 꿈의 자동차가 나타난다면 미래에는 자동차의 외관 만큼이나 내부 인테리어의 중요도가 높아질 것으로 보입니다. 어쩌면 차량의 크기 또한 커져서 사람들이 자동차에서 정말 많은 것들을 할 수 있지도 않을까요?

사람들도 자율주행차에 대한 기대가 높습니다. 한 조사에 따르면 자율주행차의 도입 여부에 대해 찬성한 사람이 75.5%였고, 반대한 사람은 24.5%였습니다.[27] 사람의 부주의에 의한 사고를 예방할 수 있고 미래 국가 경쟁력을 강화할 수도 있기 때문에 많은 사람들이 찬성을 했습니다.

반면 기계가 인간의 윤리적 판단을 대신할 수 없다는 이유로 도입을 반대하는 사람들도 있습니다. 이런 윤리적 이슈는 로봇과 관련해서도 항상 나오는 이슈죠.

⚙ 점점 진화하는 바퀴 달린 최첨단 컴퓨터

IT 시장조사업체 스트래티지 어낼리틱스Strategy Analytics에 따르면, 자율주행차의 기술이 발달함에 따라 자동차에서 전자부품이 차지하는 비중은 2010년 30%, 2020년 35%, 2030년에는 50%까지 증가할 것으로 전망되고 있습니다. 이렇게 되면 우리가 알던 전통적인 자동차는 사라지고 바퀴 달린 최첨단 컴퓨터가 우리에게 오게 되는 것이죠.

이렇게 사람의 개입이 없는 완전자율주행차가 세상에 나온다면, 앞으로 자동차 속의 모습도 많이 바뀌지 않을까요? 사람들은 차에서 서로 얼굴을 보며 게임을 할 수도 있고, 집에서처럼 편하게 잠을 청할 수도 있습니다. 또한 여행을 갈 때면 차를 운전하느라 한눈팔 겨를이 없었는데 편안하고 느긋하게 바깥 경치를 감상할 수도 있겠죠.

실제로 애플이 미국 특허청에 낸 특허를 보면 이런 일이 언젠가는 있을 것이라 생각됩니다. 애플은 2017년 제스처 기반의 자율주행차 운전이란 특허를 출원했고 2021년 2월에 등록이 되었는데요. 이 특허는 말 그대로 손 동작을 통해 차를 움직이겠다는 내용입니다. 예를 들어 차를 좌회전하겠다고 하면 왼쪽으로 손을 움직이면 차량이 왼쪽으로 움직이는 것이죠.

이뿐만이 아닙니다. 애플은 특히 특허 신청 서류에 "차량이 움직이는 동안 탑승자가 멀미를 겪지 않고 편안하게 콘텐츠를

· 현대모비스의 가상공간 터치기술

자료: 현대모비스

볼 수 있게 하려 한다"라고 써놨습니다.[28] 이 말은 무슨 뜻일까요? 지금처럼 아이들이 스마트폰이나 태블릿 PC를 통해 콘텐츠를 즐기는 것이 아니라 차량 내부의 디스플레이를 통해 콘텐츠를 즐길 수 있게 하겠다는 것입니다. 차량 내부가 대형 디스플레이가 될 수 있는 방안을 마련하겠다는 것이죠.

현대모비스도 CES 2019에서 이와 유사한 기술을 공개했었는데요, 현대모비스는 차량의 전면 유리를 대형 스크린으로 활용하고 운전자의 손짓으로 이를 조작할 수 있는 가상공간 터치기술을 공개했었습니다.

앞으로 완전 자율주행차가 상용화된다면 우리는 무엇을 고민해야 할까요? 사고가 났을 때 책임은 운전자에게 있는지, 제조사에게 있는지 등을 생각해볼 수 있지 않을까요?

기술의 발달로 우리가 누릴 수 있는 것에 대한 고민도 필요하지만 그로 인한 부작용도 고민해볼 수가 있습니다. 기술은 항상 양면성이 있기 때문이죠. 여러분이 기술의 양면성을 이해한다면, 지금보다 더 나은 기술을 개발할 수 있는 좋은 아이디어를 생각해낼 수도 있지 않을까요?

자율주행차는
사고상황에서 누굴 구할까?

미래에는 대다수의 사람들이 자율주행차를 운전할 것입니다. 완벽하진 않지만 자율주행기능을 가진 차량들이 이미 많이 있겠죠. 이때 3가지 상황을 가정해볼까요?[29]

첫 번째는 도로에 10명의 사람이 있는데 차량이 멈추지 않으면 10명의 사상자가 나올 수 있는 상황입니다. 하지만 차량의 방향을 틀면 한 명의 보행자가 죽거나 다칠 수 있습니다.

두 번째는 도로에 한 명의 사람이 있는데 차량의 방향을 틀면 이번에는 운전자가 죽거나 다칠 상황입니다. 마지막은 도로에 10명이 있고 차량의 방향을 틀면 운전자가 죽거나 다칠 수 있는 상황입니다.

보행자와 운전자, 다수와 소수라는 윤리적 딜레마에서 여러분은 어떤 결정을 내릴 건가요? 특히 차량이 운전자보다 보행자를 우선시 한다면, 사람들은 이 자율주행차를 구매할 가능성이 얼마나 높을까요? 단순히 다수보다 소수, 운전자보다 보행자라고 생각하기보다는 여러분이 한 결정이 어떤 영향을 미칠지도 한번 생각해보면 어떨까요?

기술은 계속 발전하기에 어쩌면 이런 윤리적 이슈까지도 해결할 수 있는 방법이 나올지도 모릅니다. 하지만 오랜 시간이 걸리겠죠. 모든 기술은 항상 윤리적 문제를 가지고 있고 자율주행차도 마찬가지입니다.

그렇다고 우리가 자율주행차를 이용하지 않으면 된다고 말할 수는 없습니다. 그건 인터넷이 아이들에게 다양한 부작용이 있기 때문에 인터넷을 사용하지 말라는 말과 같은 것이죠. 기술과 인간이 조화를 이룰 수 있는 방법을 찾아봐야겠죠. 지금까지 인간은 그렇게 해왔으니까요.

플라잉카, 하늘을 날아다니는 차들의 세상

⚙ 땅에서는 자율주행차, 하늘에서는 플라잉카

여러분은 하늘을 나는 차를 생각해본 적이 있나요? 앞에서 자율주행차를 이야기하면서 잠깐 언급했는데, 이제 곧 우리는 하늘을 날아다니는 차를 볼 수 있을 것 같습니다.

개인형 이동수단Personal Air Vehicle, PAV인 하늘을 날아다니는 이 차를 '플라잉카'라고 부르는데요, 여러분도 겪어봤겠지만 우리가 차를 타고 어딘가를 갈 때 가장 힘든 게 교통 정체입니다. 차가 막히면 정말 답도 없죠. 빨리 가고 싶어도 갈 수 없고 그렇다고 잠시 쉬어가고 싶은데도 차가 움직이질 않으니 쉴 수도 없는 상황이 발생합니다.

앞서 이야기한 자율주행차가 땅에서의 꿈의 자동차였다면, 플

· **보잉의 자율비행택시 첫 시험 비행**

자료: www.boeing.com

라잉카는 하늘에서의 꿈의 자동차입니다. 땅에는 수많은 장애물들이 있습니다. 하지만 하늘에는 장애물이 없죠. 그래서 많은 기업들이 플라잉카에 관심을 갖고 있습니다.

특히 앞서 살펴본 자율주행 기술들이 실현된다면 땅보다 하늘에서 자율주행할 때 조금 더 안정적이겠죠. 땅에서는 사람이 어디선가 갑자기 튀어나올 수도 있는데 하늘에서는 그런 일은 없으니까 말이죠.

미국의 보잉Boeing은 2019년 1월 자율비행택시의 첫 시험 비행을 성공리에 끝내기도 했습니다. 보잉은 이를 위해 2017년 오로라플라이트라는 무인자율비행 기업을 인수했고, 2018년 보잉 넥스트Boeing NeXt라는 부서를 신설했죠.

미국의 차량공유기업 우버 같은 경우에는 플라잉카를 이용한 항공택시의 상용화를 2023년까지 하겠다는 목표를 가지고 있습

162

· **우버의 플라잉카**

자료: www.infostockdaily.co.kr

니다. 우버는 2020년 6월 이 항공택시를 공개했는데, 승객 4명이 탑승할 수 있다고 합니다. 마크 무어 우버 항공택시 부문 기술총괄은 이 항공택시가 수직 이착륙이 가능하고 빠른 속도로 이동할 수 있다고 말하기도 했습니다.[30]

⚙ 도심항공모빌리티, 미래 도시의 모습은 어떨까?

미국의 자동차 기업 GM 또한 이런 도심항공모빌리티UAM시장에 대한 진출을 선언했습니다. CES 2021에서 GM은 수직이착륙 비행기인 VTOL 콘셉트를 공개하면서 개인의 항공 여행시대를 준비하고 있다고 밝혔습니다.[31]

VTOL은 90kwh 전기모터로 4개의 프로펠러를 구동해 수직

이착륙이 가능한데 최고 시속이 90km입니다. 특히 승객 2명이 탈 수 있고 승객의 생체 신호까지 감지할 수 있어 기내 온도, 습도, 조명, 주변 소음 등에 대한 조정이 가능합니다. VTOL은 '고급 에어택시'로 개발될 예정입니다.

이처럼 항공모빌리티 시장은 계속해서 성장할 예정입니다. 삼정KPMG에 따르면, 글로벌 UAM 시장은 2020년 70억 달러에서 2040년 1조 4,740억 달러로 성장할 전망입니다. UAM 이용객도 2030년 1,190만 명에서 2050년 4억 4,470만 명으로 급증할 것으로 보고 있습니다. 이 전망대로라면 우리도 이렇게 멋진 플라잉카를 타볼 날이 얼마 남지 않은 것 같습니다.

현대차도 CES 2020에서 'S-A1'을 선보이기도 했습니다. S-A1은 8개의 전기모터와 프로펠러를 가지고 시속 290km까지 주행 가능합니다. 5명이 탑승할 수 있고 최대 100km 비행이 가능하다고 합니다. 현대차는 2026년 화물용 플라잉카를, 2028년

· **GM의 수직이착륙 비행기와 전기차**

자료: GM

• **현대자동차의 개인용비행체 콘셉트 'S-A1'**

자료: 현대차그룹

도심에서 운영하는 전동화 플라잉카를 출시할 계획입니다.

여러분이 현대차의 미래 모빌리티 비전을 본다면, 앞으로 우리가 살고 있는 세계가 어떻게 변할지 더 와닿을 것입니다. 플라잉카가 이착륙할 수 있는 건물이 있고, 사람들은 이곳에서 다른 플라잉카로 환승할 수도 있습니다. 또한 하늘에 다수의 플라잉카들이 날아다니고 있죠.

이렇게 된다면 우린 땅에서의 교통 혼잡을 더 이상 겪지 않아도 되겠죠. 여러분들이 꿈을 가지고 영화 속의 미래 모습을 하나씩 하나씩 실현시켜본다면 더 좋지 않을까요?

· **현대차의 미래 모빌리티 비전**

❶ **UAM(Urban Air Mobility: 도심항공 모빌리티)**

· PAV(Personal Air Vehicle)와 도심항공 모빌리티 서비스를 결합,
  하늘을 이동통로로 이용할 수 있는 모빌리티 솔루션

· 수직 이착륙이 가능한 PAV를 활용하여 활주로 없이 도심 내 비행 가능

· Huv 최상층에 위치한 이착륙장(Skyport)을 통해 Hub와 연결

❷ **PBV(Purpose Built Vehicle: 목적 기반 모빌리티)**

· 설계에 따라 카페, 병원 등 맞춤형 서비스를 이동중
  자유롭게 이용하는 도심형 친환경 모빌리티

· Hub 1층에 위치한 도킹 스테이션에 결합해 Hub와 연결

❸ **Hub(모빌리티 환승 거점)**

· UAM와 PBV를 연결하는 구심점으로 PBV와
  결합하여 새로운 커뮤니티로 탄생

자료: 2020 현대자동차 지속가능성 보고서

3D 프린팅,
집을 프린팅할 수 있다

⚙ 세상을 바꿀 기술, 3D 프린팅은 뭘까요?

사람들은 어떤 제품을 만들려면 큰 공장이 있어야 한다고 생각합니다. 그런데 이제는 그럴 필요가 없어졌습니다. 3D 프린팅이라는 기술 때문입니다.

이 기술을 활용해 이제는 누구나 만들고 싶은 제품을 언제든지 쉽게 만들어낼 수 있습니다. 게다가 혼자서도 가능하죠. 공장에는 수많은 사람이 있어야 된다고 생각했는데 말이죠. 도대체 3D 프린팅이 무엇이기에 제품을 쉽게 찍어낼 수 있다는 것일까요?

프린팅이라는 용어에서도 알 수 있듯이, 프린터로 인쇄를 하는 것처럼 제품을 만들 수 있다는 이야기입니다. 우리가 알던 프린터는 종이만 인쇄가 가능했는데, 3D 프린팅 기술은 3D 프린터에 다양한 재료를 넣어서 3차원의 제품을 프린터처럼 찍어낼 수 있는 기술입니다. 재료는 잉크가 아닌 금속, 고무, 플라스틱 등입니다. 그래서 먹을 수 있는 식품부터, 자동차 부품, 생체조직, 비행기, 건축물 등 우리 주변에 있는 모든 것들을 다 만들 수 있죠.

수많은 매체와 기관에서는 3D 프린팅에 대해 "생산 혁신을 가져올 기술"이라고 말했습니다. BBC 방송에서는 "3D 프린팅은 20세기의 대량생산 방식을 대체하는 새로운 맞춤형 생산 혁명을 가져올 것"이라고 말했으며, 〈파이낸셜 타임즈〉에서는 "3D프린팅이 인터넷이 일으킨 변화보다 더 영향력이 클 것"이라고 설명했습니다. MIT는 3D 프린팅을 "2013년 세상을 바꿀 10대 기술"이라고 말했습니다.

미국의 〈타임〉 지는 2012년 최고의 발명품 중 하나로 3D 프린팅을 선정하기도 했습니다. 3D 프린팅은 완성품을 만들기 전에 시제품(프로토타입)을 만들기 위해 활용되었던 기술입니다.

하지만 이제는 여러분이 새로운 형태의 키보드를 만들고 싶으면 3차원 설계도를 만든 다음 3D 프린터에 재료를 넣으면 실제로 3D 프린터가 재료를 뿌리면서 여러분이 설계한 형태로 키보드를 만들어줍니다.

⚙ 무엇이든 만들어낼 수 있는 3D 프린팅

2011년에는 영국 사우스햄튼대학교 연구팀이 3D 프린팅 기술을 활용해 최초의 무인비행기 설사Southampton University Laser Sintered Aircraft, SULSA를 만들고 시험 비행까지 성공했습니다. 이 비행기의 무게는 3kg, 날개 길이는 1.2m로 전기모터를 활용해 시속 160km까지 날았다고 합니다. 이 비행기 동체와 날개의 재료는 나일론 분말이었습니다.

더 놀라운 건 이 비행기를 만드는 데 고작 일주일 정도밖에 걸리지 않았다는 것입니다. 비행기 설계에 2일, 프린팅에 5일이 걸린 것이죠. 2015년에는 영국 해군 전함에서 시험 비행을 하기도 했습니다.

• 3D 프린팅으로 만든 최초의 무인비행기 설사

자료: www.southampton.ac.uk

• 아디다스의 3D 러너 스니커즈

자료: Adidas

    스포츠 기업 아디다스도 3D 프린팅 기술을 활용해 운동화를 대량 생산하겠다는 계획을 2017년에 발표했고, 실제로 2018년에 아디다스는 Futurecraft 4D라는 스니커즈 운동화를 333달러에 뉴욕 아디다스 플래그십 스토어에서 판매했습니다. 이 신발의 제작이 가능했던 것은 미국의 카본Carbon이라는 회사 때문입니다. 이 회사는 3D 프린팅 스타트업으로 구글, GE 등으로부터 투자를 받기도 했죠.

    이 신발은 전체를 3D 프린팅으로 만들지 않고 충격을 흡수하는 부분만 3D 프린팅으로 만들어졌습니다. 흔히 미드솔이라고 불리는 이 부분은 사람의 특성에 따라 맞춤형으로 개발될 수 있습니다. 예를 들어 몸무게에 따라 다르게 만들어진다든지, 걷는 속도나 활동 정도에 따라 충격 흡수 정도를 달리하는 것이죠.

- **3D 프린팅 기술을 통한 재킷 생산**

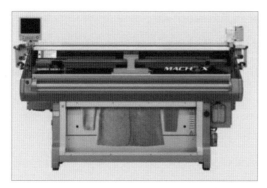

자료: Digiday

이처럼 3D 프린팅을 통해 정말 나에게 딱 맞는 신발을 만들 수 있다는 것입니다.

만약 신발 전체를 3D 프린팅으로 만든다면, 신발의 치수라는 게 필요할까요? 지금은 아울렛 같은 곳에 가서 내가 원하는 디자인의 신발 치수를 찾기 위해 매장을 뒤지는데, 3D 프린팅 신발이라면 그럴 필요가 없어지는 것이죠.

신발을 3D 프린팅으로 만들 수 있다면 옷도 가능하겠죠. MIT 졸업생이 만든 의류 스타트업 Ministry of Supply는 3D 프린팅 기술을 활용해 옷을 만드는데요. 고객에게 딱 맞는 옷을 기성복 대비 짧은 시간 안에 만들 수가 있습니다. 고객은 컬러, 재질, 버튼 등을 고르기만 하면 됩니다.

이 3D 프린팅으로 만든 옷은 기존 옷과 무엇이 다를까요? 일단 이음새가 없습니다. 기존 옷은 원하는 디자인의 옷을 만들기 위해서는 원단을 자르고 이어 붙여야 하죠. 하지만 3D 프린팅 옷은 디자인한 대로 옷이 출력되기 때문에 그럴 필요가 없습니다. 이로 인해 3D 프린팅으로 옷을 만들 때 낭비되는 원단이 없고, 자신의 몸에 딱 맞는 데다 이음새가 없다 보니 움직일 때 불편한 감도 없겠죠.

⚙ 집도 3D 프린팅으로 만들 수 있을까?

3D 프린팅은 이런 작은 제품뿐만 아니라 건물도 출력할 수 있습니다. 실제로 중국의 한 시공재료 기업은 3D 프린터를 활용해 2014년 사무실로 쓸 수 있는 건물 10채를 만들기도 했습니다. 이 건물을 만드는 데 걸린 시간은 24시간 이내였죠. 비용은 얼마나 들었을까요? 건물 한 채당 5천 달러밖에 소요되지 않았다고 합니다.

미국에서는 2021년 2월 9일 뉴욕 리버헤드에 위치한 3D 프린팅으로 만든 집이 미국 부동산 사이트 질로Zillow에 매물로 나왔는데요, SQ4D라는 미국 최초로 3D 프린팅 주택을 허가받은 회사가 내놓은 것입니다. 견본주택은 뉴욕주 롱아일랜드 캘버턴에 있는데요, 이 주택은 약 39.5평으로 매매가는 약 3억 3천만 원($299,999)입니다. 방은 3개, 화장실은 2개인 이 건물은

• 미국 최초로 판매되는 3D 프린팅 주택

자료: SQ4D

SQ4D의 자동로봇 건축시스템을 이용해 건설되는데, 건축비는 해당 지역의 신축 주택 비용보다 50% 이상 저렴하고 건물을 짓는 데 소요되는 기간은 10배나 빠르다고 합니다.

이처럼 3D 프린팅은 지금까지 우리가 생각하지 못했던 다양한 분야에 적용되고 있습니다. 여러분이 만들기를 원하는 제품이 있다면 3D 프린팅으로 한번 만들어보세요. 스타트업을 육성하는 주요 공공기관에서는 이런 3D 프린팅을 보유하고 있어 작은 제품들을 직접 만들어볼 수 있습니다.

여러분도 이제 뭔가 만들고 싶다면, 기존의 공장을 생각하지 말고 상상해보세요. 세상은 여러분이 만들고 싶은 건 뭐든지 만들어낼 수 있는 기술이 존재하니까요.

스마트폰 게임하면서
질병도 치료해봐요

⚙ 주사 맞거나 약 먹지 말고, 디지털 치료제로

어떤 병에 걸렸을 때 싫은 것 중의 하나는 주사를 맞거나 약을 먹는 일입니다. 감기에 걸렸을 때도 엉덩이에 주사 맞기가 그렇게 싫은데 병에 걸렸을 때 맞는 주사는 더 아프고 더 싫겠죠. 그래서 어떤 친구는 병에 걸렸을 때 꼭 주사를 맞아야 하나고 묻기도 하죠.

만약 여러분이 질병에 걸렸을 때 주사를 맞거나 약을 먹지 않고 심지어 게임을 하면서 치료할 수 있다면 어떨까요? 정말 좋겠죠? 요즘은 스마트폰으로 영상을 보거나 게임을 하는 것 때문에 문제인데 이를 거꾸로 활용해 질병을 치료할 수 있다니!

그런데 실제로 이런 일이 일어나고 있습니다. 물론 아직까지는 모든 질병에 대해서 다 그렇게 할 수는 없습니다. 주로 정신질환 쪽에 많이 적용되고 있는데, 아동의 ADHD(주의력결핍 과잉행동장애)를 치료하기 위한 게임이 개발되었습니다. 2020년 6월 15일 아킬리 인터랙티브 랩스의Akili Interactive Labs의 인데버 알엑스Endeavor Rx(AKL -T01)란 게임이 미국 FDA(식품의약국)로부터 처방 치료제로 승인을 받았습니다. 이 게임은 8~12세 어린이의 주의력을 향상시키는 것으로 나타났습니다.

요즘 스마트폰 때문에 ADHD에 걸린 아이들이 많은데요. 이 게임이 얼마나 효과가 있었느냐면 이 게임을 통한 치료를 받은 아이들의 68%가 치료 2개월 후에 주의력이 개선된 것으로 나타났다고 합니다.

이 회사는 이 게임을 홍보할 때 '약을 먹는 게 아니라 플레이하라(play your medicine)'라고 말합니다. 재미있죠. 이제는 치료를 위해 약을 먹는 시대가 아닌 게임을 하는 시대라는 거죠.

• **인데버알엑스 게임**

자료: www.akiliinteractive.com

인데버알엑스는 아동이 외계인 캐릭터를 조종하면서 장애물을 피하고 어떤 목표물을 수집하는 것으로, 보통 치료는 3개월이 걸립니다. 게임 내용도 어떻게 보면 우리가 흔히 하는 게임의 가장 기본적인 형태이기도 합니다. 이 기업은 ADHD 외에도 자폐 스펙트럼 장애(AKL-T02), 주요 우울 장애 및 다발성 경화증(AKL-T03), 주요 우울 장애(AKL-T04) 등의 치료제를 개발 중입니다.

이런 약을 디지털 치료제Digital therapeutics라고 합니다. 디지털 치료제는 "의학적 이상 또는 질병을 예방, 관리, 혹은 치료하기 위해서 고품질의 소프트웨어 프로그램을 통해 근거 기반의 치료적 개입을 제공하는 것"이라고 말합니다. 어렵죠? 간단히 말해서 스마트폰 앱, VR, 챗봇, 인공지능, 게임 등을 통해 환자를 치료할 수 있는 디지털 약입니다. IT 기술이 발달하면서 이제는 질환도 게임을 통해 치료할 수 있는 시대가 열린 것이죠.

이런 디지털 치료제는 도대체 언제 생긴 것일까요? 인데버알엑스 게임 이전에 최초의 디지털 치료제가 있었습니다. 그건 바로 약물중독 치료 앱인 리셋reSET입니다. 이 치료제 또한 2017년 9월 FDA로부터 치료목적으로 허가를 받았고, 2018년 다국적 제약회사인 노바티스와 협력해 2018년 11월 시장에 출시되었습니다. 그 이후에는 마약성 진통제 중독 치료인 리셋-O(reSET-O)가 2018년 12월에 FDA 승인을 받았습니다. 불면 치료제 솜리스트(Somryst)도 FDA 승인을 받았습니다.

⚙ 스마트폰으로 심리상태 진단하고 챗봇으로 치료

그렇다면 이 리셋이란 치료 앱은 어떻게 약물중독을 치료할 수 있을까요? 잘 와닿지 않죠. 이 앱은 인지행동치료에 기반해 약물중독자가 자신이 약물을 사용하는 상황을 파악해 이에 대처하는 훈련, 사고방식의 변화 방법을 학습한다고 합니다. 즉 이 앱을 통해 자신의 감정을 통제할 수 있는 기반을 마련하는 것이죠.

예를 들어 1시간만 게임을 하기로 했지만 스스로 통제를 못해 2~3시간 이상 하는 경우가 있죠. 이런 사람의 심리상태를 스마트폰 앱으로 통제할 수 있게 해주는 것입니다. 그래서 계속 게임을 하고 싶은 마음이 들면 앱을 통해 자신의 심리상태에 대해 진단해보고 대처할 수 있게 해주는 것이라고 생각하면 됩니다.

• **리셋과 리셋-O**

자료: www.resetforrecovery.com

이렇게 자신의 심리상태를 진단하는 방법 외에도 챗봇을 활용한 디지털 치료제도 있습니다. 워봇Woebot은 환자의 우울증을 치료할 수 있는 디지털 치료제인데요. 이 치료제는 2016년 출시되었는데 20대를 타깃으로 개발되어 말투 또한 밀레니얼 세대와 비슷하다고 합니다. 챗봇을 활용한 대화를 통해 우울증 환자가 부정적인 생각을 하지 않게 도와줍니다.

워봇랩스Woebot Labs의 CEO인 앨리슨 다아시Alison Darcy는 워봇에 대해 "새벽 1시에도 대화할 수 있는 '정신건강 구급상자'를 만들었다"고 합니다.[32] 현재 이 워봇은 130개 국가에 서비스를 제공하며 매주 200만 건 이상의 대화가 저장되고 있다고 하는데요. 이를 통해 얼마나 많은 사람들이 워봇을 이용하고 있는지 알 수 있겠죠.

· **우울증 치료 챗봇, 워봇**

자료: woebot.io

국내에도 이런 디지털 치료제를 개발하는 회사들이 있습니다. 뉴냅스란 회사는 VR 기반 뇌손상 시야장애, 라이프시맨틱스는 암 증상 관리, 웰트는 근감소증, 로완은 다중영역 인지기능 향상과 관련된 디지털 치료제 사업을 하고 있습니다.

미래 유망 산업으로 디지털 헬스케어를 사람들이 많이 이야기하고 있는데요. 아직 우리나라는 정부 규제로 인해 미국처럼 시장이 활성화되어 있지 않습니다.

하지만 우리나라도 빅씽크테라퓨틱스라는 기업이 2021년 3월에 디지털 치료제 오씨프리에 대해 FDA 임상 신청을 했습니다. 이 오씨프리는 강박장애를 위한 치료제인데요. 강박장애는 원하지 않는 생각(강박사고)과 행동(강박행동)을 반복하는 불안장애입니다.

예를 들어 책장이 제대로 정리가 안 되어 있거나 책이 조금이라도 삐뚤어져 있으면 화가 나는 것이죠. 손을 반복적으로 씻는 것도 마찬가지입니다.

이 회사는 이러한 강박장애를 치료하기 위한 기존의 심리치료 기법을 스마트폰 앱으로 만들었습니다. 환자가 두려워하는 특정 사물을 보여주고 참을 수 있도록 해주는 것이죠. 우리나라도 해외처럼 다양한 디지털 치료제를 만나볼 날이 얼마 남지 않은 것 같습니다.

세상이 점점 디지털화되면서 디지털 치료제도 곧 우리 일상 깊숙이 침투할 것입니다. 그러다 보면 이제 우리는 질병에 걸렸을 때 병원에 가지 않고 집에서 스마트폰으로 스스로 치료할 수 있는 다양한 방법이 나오겠죠. 지금보다 더 다양한 질병에 디지털 치료제를 적용할 수도 있지 않을까요? 주사를 맞거나 약을 먹어야만 하는 일도 줄어들겠죠.

나도 모르는 나의 조상을 유전자로 알려주는 세상

⚙ 유전자 검사만 하면 모든 걸 알 수 있다?

영화 〈마이너리티 리포트〉는 2054년을 배경으로 합니다. 이 영화에서는 누가 범죄를 저지를지 미리 알고 대처를 하는 장면이 나오는데요. 이게 가능한 이유는 영화에 나오는 프리크라임이라는 시스템 때문입니다. 이 시스템은 범죄 시간, 장소, 범인을 미리 파악할 수 있습니다. 이처럼 내가 앞으로 어떤 병에 걸릴 가능성이 있는지를 미리 안다면 얼마나 좋을까요? 그러면 그런 병에 걸리지 않도록 식습관을 개선할 수도 있고, 사전에 그 병과 관련된 약을 먹을 수도 있지 않을까요?

아직까지는 완벽하지 않지만 점점 이런 일이 일어날 가능성이 높아지고 있습니다. 실제로 영화배우 안젤리나 졸리는 유방

암에 노출될 확률이 87% 정도 된다는 유전자 분석 보고서를 보고 2013년 유방 절제술을 받기도 했죠.

가족력도 마찬가지입니다. 집안에 누군가가 당뇨병이나 간암으로 돌아가시면 나도 그럴 가능성이 높다고 생각하는 사람들이 많습니다. 그래서 당뇨병이나 간암에 걸리지 않기 위해 건강 관리에 힘쓰거나 이와 관련된 보험을 들기도 하죠. 그런데 이런 게 정말 맞는지 확실히 알고 싶다면 이제는 유전자 검사를 해보면 바로 알 수 있습니다.

유전자 검사 기업으로는 2006년에 설립된 23andMe가 있습니다. 23은 DNA에 있는 23쌍의 염색체를 의미합니다. 2007년 구글이 투자해 전 세계적으로 유명한 이 기업은 사람들의 유전자를 분석해주는 서비스를 제공하고 있습니다. 이 서비스를 이용하면 나의 조상이 누구인지, 내가 어떤 병에 걸릴 가능성이

· **23andMe의 타액 수집 키트**

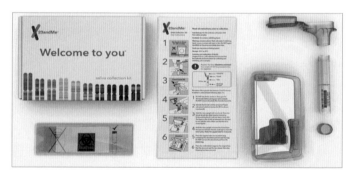

자료: www.23andme.com

182

높은지, 대머리 가능성이 있는지 등을 분석해줍니다. 재미있지 않나요? 예를 들어 우리는 아버지나 할아버지가 대머리면 나도 대머리가 될 가능성이 높다고 알고 있는데 유전자 분석을 통해 정확히 확인할 수 있죠.

그렇다면 유전자 분석은 어떻게 진행되는 걸까요? 유전자 분석 서비스를 신청하면 타액 수집 키트를 보내주는데 이 키트로 자신의 타액을 채취해 다시 업체로 보내면 됩니다. 그러면 온라인으로 6~8주 후에 유전자 분석 보고서를 볼 수가 있습니다. 23andMe는 여러분의 타액을 활용해 질병 위험도를 포함해 약 200여 개의 유전적 특성을 분석해줍니다.

⚙ 이제는 누구나 접근가능한 유전자 검사

이처럼 일반 소비자가 기업에 유전자 검사를 의뢰할 수 있게 된 지는 얼마 되지 않았습니다. 이 시장을 보통 DTC(Direct To Consumer, 소비자 대상 직접 유전자 검사)라고 하는데, 과거에는 의료기관을 통해서만 유전자 검사가 가능했습니다. 그런데 이와 관련한 법률이 개정되면서 2016년 6월부터 민간기업도 직접 유전자 검사를 할 수 있게 되었습니다. 초기에는 12개 항목, 46개 유전자에 대한 DTC 유전자 검사가 허용되었는데 2020년 11월 27일부터는 최대 70항목까지 확대되었습니다.

• DTC 유전자 검사 추가 허용 항목

분류	DTC 유전자검사 허용항목 (기존 56항목 + 2차 13항목 추가)		
영양소 (+9)	비타민C 농도 마그네슘 농도 칼륨 농도 지방산 농도 **비타민 B12** **타이로신** **루테인&지아잔틴**	비타민D 농도 아연 농도 칼슘 농도 **비타민 A** **비타민 E** **베타인**	코엔자임 Q10농도 철 저장 및 농도 아르기닌 농도 **비타민 B6** **비타민 K** **셀레늄**
운동	근력 운동 근육발달능력 악력	유산소 운동 적합성 단거리 질주 능력 운동후 회복능력	지구력운동 적합성 발목 부상 위험도
피부/모발	기미/주근깨 피부노화 튼살/각질 새치	색소침착 피부염증 남성형 탈모 원형 탈모	여드름 발생 태양 노출 후 태닝 반응 모발 굵기
식습관	식욕 쓴맛 민감도	포만감 짠맛 민감도	단맛 민감도
개인특성	알코올 대사 와인선호도 카페인 대사 수면습관/시간	알코올 의존성 니코틴 대사 카페인 의존성 아침형, 저녁형 인간	알코올 홍조 니코틴 의존성 불면증 통증 민감성
건강관리 (+4)	퇴행성 관절염증 감수성 요산치 체질량지수 혈압 **운동에 의한** **체중 감량 효과**	멀미 중성지방농도 콜레스테롤 **골질량** 체중감량후 체중회복 가능성 (요요 가능성)	비만 체지방율 혈당 **복부비만** **(허리엉덩이비율)**
혈통	조상 찾기		

자료: 보건복지부(2020.11.30)

184

DTC 유전자 검사가 가능한 항목을 보면, 유전자 검사를 통해 알 수 있는 정보들이 매우 다양하다는 것을 알 수 있습니다. 내가 선천적으로 어떤 영양소가 부족한지, 운동은 어떤 것을 잘하고 못하는지, 피부와 모발은 또 어떤지 등 여러분이 생각하는 것보다 많은 것들을 알 수 있습니다.

이렇게 유전자 검사 가능한 항목들이 늘어나면서 유전자 검사를 통해 개인에게 적합한 건강기능식품 추천 및 판매, 맞춤형 피부관리, 비만 및 영양관리 등의 서비스가 계속해서 나오고 있습니다.

국내 회사 중에는 테라젠바이오가 있습니다. 이 기업은 진스타일이라는 서비스를 통해 건강관리, 영양소, 뷰티, 피트니스, 다이어트 등 유전자 검사를 통해 다양한 맞춤 서비스를 제공하고 있습니다. 진스타일 웰니스 70+, 진스타일 헬스&뉴트리션 38+, 뷰티&피트니스 31+, 진스타일 다이어트 28+, 진스타일 Me 등 다양한 세부 서비스들이 있습니다.

특히 진스타일 Me는 23andMe에서 제공하는 조상 찾기 분석 같은 것으로 전 세계 5개 대륙 인종(아프리카, 아메리카, 유럽, 동북아시아, 동남아시아)과 4개 아시아 인종(한국인, 중국인, 일본인, 베트남인)에 대해 유전적 유사성을 분석하고, 유사성이 높은 인종별 순위를 알아보는 유전체 분석 서비스입니다.

· **진스타일 분석 보고서 예시**

종합결과　　　상세 결과　　　DNA 맞춤 솔루션 (홈메이드 스무디/자연팩/건강식)

또한 마크로젠이란 기업은 어메이징푸드솔루션이라는 식생활 코칭 기업과 제휴해 맞춤형 식단·드링크 서비스를 제공하고 있습니다. 마크로젠이 체질량지수, 공복혈당, 평균혈압, 피부탄력, 색소침착, 원형탈모 등 14개 항목에 분석 결과를 통해 소비자의 유전적 특징에 적합한 식단이나 건강드링크를 추천하는 것입니다.

유전자 검사는 아니지만 혈액 분석을 통해 영양제를 추천해주는 서비스도 출시되고 있습니다. 미국의 베이즈Baze란 기업인데요, 이 기업은 고객이 회사에서 보내준 키트를 통해 직접 혈액 채취를 하고 이 키트를 다시 회사로 보내면 회사는 고객의 혈액을 분석해 맞춤 영양제를 매월 보내줍니다. 이 진단 키트는 MIT에서 개발하고 FDA 승인을 받은 것인데 팔에 부착해 5분 내에 혈액 채취가 가능합니다.

영양제는 뼈, 인지 기능, 에너지, 피부/헤어/손톱, 관절, 수면, 스

• 베이즈의 혈액 채취가 가능한 진단 디바이스

자료: Baze

트레스 등에 효과가 있는 알약으로 구성됩니다. 이 서비스는 특히 정기적으로 영양 상태를 측정하고 모니터링 할 수 있습니다. 베이즈는 '추측하지 말고 측정하라(Stop Guessing, Start Measuring)'고 말합니다.

이제 우리는 유전자 검사를 통해 단순히 '뭔가 문제가 있는데'라는 추측에서 벗어나 '어 이게 문제네' 하고 알 수 있게 된 것입니다. 유전자 검사를 받아본 한 사람은 "그동안 고기를 끊어보기도 하고, 바나나 파인애플 등 당분이 많은 과일은 안 먹어 보기도 했지만 큰 효과가 없었는데, 유전자 검사 결과에 나타난 가이드라인을 따라한 뒤 10파운드(약 4.5kg) 감량에 성공했다. 그저 막연한 추측이 아니라 정확하게 내가 뭘 필요로 하는지에 근거해 지침을 내려 주니까 훨씬 명확하고 효과적이다"라고 말했습니다.[33] 이제 여러분 스스로가 선천적으로 무엇이 부족한지 혹은 어떤 특징이 있는지를 알고 싶다면, 유전자 검사를 받아보면 더 정확하게 알 수 있겠죠.

지식,
이제 검색하는 시대

"1768년 스코틀랜드에서 초판이 간행된 이후, 240여 년간 15차례 개정을 거치며 현존하는 백과사전 가운데 가장 오랜 전통을 지닌 권위 있는 백과사전입니다."

브리태니커 만화백과사전을 판매하는 미래엔 홈페이지에 있는 내용입니다. 브리태니커 백과사전은 여러분 부모세대에서는 학창시절 누구나 한 번쯤은 가져봤으면 했던 사전입니다. 백과사전을 보든 보지 않든 집에 있으면 왠지 뿌듯해지는 책이었죠. 책을 좋아하지 않는 사람도 말이죠. 이 백과사전만 있으면 공부를 다한 느낌이 드는 책이었습니다. 하지만 당시 가격이 만만치 않아 쉽게 사지 못하는 책이기도 했습니다.

해외 브랜드로는 브리태니커 백과사전이 있었다면, 국내에는 두산세계대백과사전이 있었습니다. 하지만 이런 백과사전은 흔히 찾아 볼 수 없는 것이 되었습니다. 왜냐하면 네이버 같은 포털 사이트를 통해 내가 원하는 정보를 쉽게 자세히 찾을 수 있기 때문입니다.

브리태니커는 2012년 브리태니커 백과사전을 책자로는 발행하지 않겠다고 밝혔습니다. 당시 브리태니커 CEO는 "슬픔과 향수를 느끼는 사람들도 있을 것"이라고 말했죠.[34] 한때는 미국에서 12만 질(1990년)이나 팔렸지만 이 수치는 2010년에 8천 질로 급격히 줄어들었습니다. 인터넷의 보급으로 사람들은 백과사전의 필요성을 느끼지 못했고, 더 나아가 포털 서비스의 등장으로 백과사전은 오프라인에서 사라지게 되었습니다. 이제 이런 백과사전은 중고로나 볼 수 있습니다.

사실 백과사전뿐만 아니라 사전 자체가 사라진 지 오래죠. 이제 국어사전,

영어사전, 한자사전(옥편)을 가지고 다니는 사람은 없습니다. 사람들은 공부하다 모르는 것이 있으면 검색을 통해 바로 찾아봅니다. 특히 한자사전은 국어사전, 영어사전보다 더 찾지 않는 존재가 되었죠.

특히 사람들이 자유롭게 편집할 수 있는 소위 집단지성을 발휘하는 위키피디아의 등장은 백과사전을 불필요하게 만들었습니다. 위키피디아 사이트에는 다음과 같은 문장이 적혀있습니다.

"우리 모두가 만들어가는 자유 백과사전"

이 사이트는 2018년 한 해 가장 많이 방문하는 세계 웹사이트 5위에 등극하기도 했는데요. 구글, 유튜브, 페이스북, 바이두 다음입니다. 1~4위 기업만 봐도 위키피디아의 순위가 얼마나 대단한지를 알 수 있겠죠? 위키피디아의 월 평균 페이지뷰는 150억 건, 2019년 1월 기준 약 4,900만 개의 문서가 등록되어 있습니다. 초기에만 해도 위키피디아는 잘못된 정보들이 많다는 이야기가 있었지만 이제는 위키디피아를 백과사전처럼 이용하는 것이죠. 물론 여전히 소수의 편집자에 의해 만들어지고 있어서 지적 편향성에 대한 이슈는 존재합니다. 하지만 전 세계 석학들과 전문가 집단이 집필에 참여해 지성의 원천이었던 백과사전은 이처럼 또 다른 유형의 지성에 의해 새로운 형태로 만들어지고 있습니다.

사전이 온라인으로 흡수되면서 돈을 버는 방법도 바뀌었습니다. 이제는 사전 판매가 아닌 사전이 가지고 있던 콘텐츠를 포털에 제공하고 이에 대한 대가를 받는 형태죠. 사전이 가지고 있던 콘텐츠는 계속해서 필요할 수밖에 없기 때문입니다. 사람들이 사전을 이용하는 형태가 앱이나 웹으로 바뀌었을 뿐 콘텐츠의 본질은 달라지지 않은 것이죠.

여러분은 이런 사전이 미래에는 또 어떤 형태로 바뀔 것 같나요? 우리는 결국 끊임없이 무언가를 배워야 하는데, 사전은 이런 내용을 잘 정리해놓고 있으니 말이죠. 인공지능, 빅데이터에 의해 이런 사전은 앞으로 어떻게 바뀔지 생각해보면 좋을 것 같습니다.

항상 어른들은 '미래'를 준비하라고 말하죠. 여러분은 그 미래를 준비하기 위해 어떤 노력을 기울이고 있나요? 새로운 세상을 맞이하기 위해서는 새로운 능력과 노력이 필요합니다. 미래에는 지금 이야기가 나오는 기술만 중요한 게 아닙니다. 여러분의 상상력과 이를 뒷받침할 수 있는 통합적 사고가 중요하죠. 단지 기술만 있다면 여러분이 그리는 미래를 실현하기 어렵습니다. 직업도 마찬가지죠. 지금 알고 있는 직업보다 여러분이 꿈꾸는 미래의 새로운 직업을 스스로 만들어내려고 노력해보세요.

5장

다가올 미래사회,
10대는
무엇을 준비해야 할까요?

미래는 생각보다 빠르게 다가와요

⚙ 혹시 삐삐를 알고 있나요?

"삐삐~" 이런 소리가 난다면 여러분은 어디서 나는 소리라고 생각하나요? 대부분 저 소리를 들으면, 자동차가 어디에 위치해 있는지를 알려주는 소리, 컴퓨터에 문제가 발생할 때 나는 소리라고 말할 겁니다. 하지만 1990년대에 대학교를 다녔던 사람들은 "삐삐" 소리를 듣고 무선호출기를 떠올릴지 모릅니다.

큰 인기를 끌었던 〈응답하라 1994〉라는 드라마를 알고 있나요? 이 드라마는 제목처럼 1994년도를 배경으로 한 드라마여서 우리가 지금 보기 힘든 추억의 물건들이 많이 나옵니다. 그중 삐삐도 있는데요, 아마 이 책을 보고 있는 여러분들에게는 낯선 물건일지 모릅니다. 특히 드라마에서 삐삐를 통해 사랑을 고백

하는 장면은 스마트폰 카톡만 이용해봤던 사람에게는 신기하게 느껴졌을 겁니다.

1990년대에 유행했던 삐삐는 지금의 스마트폰만큼이나 대중적이었습니다. 한국이동통신이 1982년에 시작한 무선호출서비스는 1997년 이용자가 1,500만 명을 넘어섰습니다. 물론 그 이후 휴대폰의 등장으로 그 수는 급격히 줄어들어 2000년에는 45만 명이 되었죠.

'삐삐'하며 연신 울리던 무선호출기는 그 알림소리 때문에 삐삐라고 불렸고, 삐삐가 울리면 음성 메시지를 듣기 위해 공중전화 부스로 달려갔습니다. 지금은 찾기도 어려운 공중전화 부스를 말이죠. 삐삐와 공중전화는 서로 떼려야 뗄 수 없는 관계였습니다. 마치 악어와 악어새처럼 말이죠.

이런 삐삐는 메시지를 전달하는 중간 역할도 했지만 다양한 숫자약어를 만들어내기도 했습니다. 연령대와 관계없이 모두가 잘 아는 '천사'라는 의미의 1004, 열렬히 사모한다는 뜻의 1010235, 빨리와줘 8255, 영원히 사랑해 0024, 돌아와 100, 이제 그만 만나요 2848, 그럼 이만 20000 등이 있는데요, 그 당시에는 너무나도 익숙한 메시지들이었습니다.

삐삐를 접해보지 않는 세대들이 들으면 아재 개그 같은 느낌이 들 수도 있지만, 그 당시 이런 숫자 조합은 유명 연예인 못지않은 인기를 누렸습니다. 가끔 삐삐는 지금의 스마트폰처럼 공부를 방해하는 훼방꾼 역할도 했고, 수시로 울려대는 바람에 주변 사람들의 신경을 거슬리게 만들었죠.

하지만 휴대폰의 등장으로 인해 삐삐는 너무나도 빠르게 사라졌습니다. 단지 삐삐만 사라진 건 아니었죠. 사람들의 머릿속에서 가족, 친구 등 사람들의 전화번호도 사라졌습니다. 왜 그럴까요? 굳이 전화번호를 외울 필요가 없기 때문이죠. 휴대폰에 저장된 수백 명의 연락처는 힘들게 외우지 않아도 언제 어디서나 쉽게 찾아볼 수 있기 때문입니다.

과거에는 몇 명의 연락처를 외우고 있다는 것이 자랑이 되기도 했지만 지금은 수많은 사람의 연락처를 알고 있다 해도 자랑거리가 되지 않는 세상이 된 것입니다.

⚙ 삐삐와 폴더폰을 지나 스마트폰으로, 그 이후는?

삐삐 같은 커뮤니케이션 기기는 시티폰, 폴더폰, 터치폰, 지금의 스마트폰으로 빠르게 진화해왔습니다. 삐삐와 휴대폰 사이에 있던 시티폰은 그 당시 사람들도 존재를 잘 모를 만큼 빠르게 사라졌습니다.

현재의 스마트폰에 대해 좀더 생각해볼까요? 2000년대 초반만 해도 사람들은 폴더폰을 가지고 다녔습니다. 그때 당시에, 지금처럼 스마트폰 하나만 있으면 모든 것을 다할 수 있는 세상을 상상한 사람이 얼마나 되었을까요? 그런데 아이폰의 등장과 함께 스마트폰이 대중화되고, 사람들은 스마트폰을 가지고 다니며 일상의 많은 것들을 함께 하고 있습니다.

더욱이 스마트폰은 손으로 터치만 하면 되죠. 폴더폰은 글자가 써져 있는 번호판을 누르는 것이었는데 말이죠. 최근에는 화면이 접히는 플렉서블 디스플레이가 장착된 스마트폰까지 나왔죠. 스마트폰 화면이 접힐 줄 누가 알았을까요? 몇 년 전까지만해도 먼 미래기술 중의 하나로 플렉서블 디스플레이가 사람들사이에서 언급되고 있었는데 말이죠.

여러분은 세상이 얼마나 빠르게 변할 거라고 생각하나요? 여러분이 생각하는 10년 후의 세상은 어떤 모습인가요? 그 세상은 여러분이 생각한 것보다 빠르게 찾아올까요? 아니면 느리게찾아올까요? 과거부터 현재까지의 삶의 모습을 살펴보면, 미래는 언제나 우리가 생각한 것보다 빠르게 다가왔습니다.

지금 우리는 기술의 발달로 많은 것을 누리고 있습니다. 이렇게 우리가 누리고 있는 것들이 얼마나 빠르게 사람들에게 확산되고 있는지를 살펴보면 더욱 놀랄지도 모릅니다.

전화기를 한번 볼까요? 미국의 통계치에 따르면, 1900년에는 10% 이하의 미국인만 전화기를 가지고 있었습니다. 미국인의 80%가 전화기를 보유하기까지는 대략 60년이란 시간이 걸렸습니다.

그런데 컴퓨터나 핸드폰은 전화기에 비해 미국인들에게 빨리보급되었습니다. 특히 핸드폰은 미국 내 보급률이 80%까지 되는 데는 20년도 안 걸렸습니다. 스마트폰은 80%의 사람이 보유하는 데는 아마 10년도 채 걸리지 않았을 것입니다.

이처럼 기술은 점점 빠르게 발달하며 새로운 제품이나 서비스를 매일 등장시킵니다. 하지만 한편으로는 기존 제품이나 서비스가 빠르게 사라진다는 이야기도 됩니다. 그렇다면 과연 우리의 일상에는 어떤 영향을 미칠까요?

여러분은 내비게이션이 무엇인지 알고 있을 텐데요. 어떤 사람은 스마트폰의 내비게이션 앱을 사용하고 또 어떤 사람은 차에 내장되어 있는 내비게이션을 사용합니다.

그런데 그 이전에는 어떤 것이 있을까요? 차량에 부착하는 조그만 화면을 가진 거치형 내비게이션이 있었죠. 그 전에는 음성으로 길을 안내해주는 제품도 있었습니다. 지금은 이 제품들을 거의 찾아볼 수가 없습니다.

세상은 빠르게 변하고 있고 우리가 생각하는 미래는 항상 먼저 우리 곁으로 다가옵니다. 앞에서 다양한 미래기술을 활용한 제품과 서비스를 살펴봤는데, 그런 것을 많은 사람들이 사용할 수 있는 날도 머지않아 찾아올 것입니다.

앞으로는 스마트폰을 손에 들고 다니지 않고도 다른 사람과 통화를 하고 메시지를 전달할 수 있는 방법이 나오지 않을까요? 아니, 어쩌면 웨어러블 디바이스가 내 머릿속 생각을 읽어 말하지 않아도 알아서 전화해주고 메시지를 전달해줄 수 있지 않을까요?

여러분은 지금 매일같이 들고 다니는 스마트폰이 어떻게 변화했으면 좋겠나요? 여러분들이 상상하는 것은 앞으로 10년, 20년 후에 새로운 제품이나 서비스 형태로 나올 가능성이 높습니다. '이런 게 정말 나오겠어'라고 생각했어도 다음 해에 그런 제품이나 서비스가 나올 수도 있겠죠.

지식보다
더 중요한 게 있어요

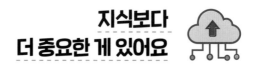

⚙ 지식보다 중요한 상상력

미래는 우리가 생각하는 것 이상으로 발전된 모습으로 다가옵니다. 여러분은 주변에서 보는 것, 즐기는 것들이 이렇게 빨리 다가올 것이라고 생각했나요? 혹은 영화 속에서 나오는 최첨단 기술이 적용된 미래 도시가 언제쯤 완성될 것이라고 생각하나요?

지금 많은 사람들이 인공지능, 로봇, 우주 등을 이야기하며 현재와는 다른 미래의 모습을 이야기합니다. 이런 미래에 대비하기 위해 초등학생들은 코딩 학원을 다니기도 하죠. 성인들도 인공지능이나 로봇 관련 지식을 습득하는데 밤낮을 가리지 않고 공부를 합니다.

그런데 미래를 대비하기 위한 지식을 습득하는 것도 좋지만 지식만으로 미래를 대비할 수 있을까요? 세상은 우리의 생각보다 빨리 변하는데 그보다 한 발 늦게 지식을 공부하면 항상 뒤처지게 될 수밖에 없습니다. 그렇다면 지식 습득 외에 추가적으로 필요한 것은 무엇일까요?

아인슈타인은 "상상력이 지식보다 중요하다. 지식은 우리가 지금 알고 이해하는 모든 것에 한정되어 있지만, 상상력은 온 세상을 포용하며 그 모든 것은 우리가 앞으로 이해하는 무언가가 될 것이다"라고 이야기했습니다.

앞으로 우리가 미래를 대비하기 위해서는 상상력이 무엇보다 중요합니다. 상상력은 여러분이 가진 지식을 최대한 활용할 수 있도록 해줄 뿐만 아니라 앞으로 미래에 필요한 지식이 무엇인지 파악해 다른 사람들보다 더 빨리 배울 수 있는 기반을 마련해주기도 하죠.

왜 그럴까요? 여러분이 정말 뛰어난 인공지능 기술을 가지고 있다고 생각해보세요. 그 기술로 무엇을 할 수 있을까요? 만약 여러분에게 상상력이 없다면 그 뛰어난 기술을 그냥 현재의 모습을 조금 바꾸는 데에만 사용하겠죠.

하지만 그 기술을 가지고 정말 창의적인 상상력을 발휘한다면 어떨까요? '앞으로 세상은 이렇게 변할 것이야'라는 생각을 가지고 여러분이 가지고 있는 기술로 세상을 어떻게 바꿀지에 대해 생각하겠죠.

⚙ 상상력이 미래 리더의 핵심 역량

우리가 잘 알고 있는 아마존의 CEO 제프 베조스는 고등학교 졸업생 대표로 고별사를 할 때 "우주, 그 마지막 개척지에서 만납시다!"라고 했습니다. 고등학생때부터 이런 생각을 가지고 있던 그는 2000년 우주항공 기업 '블루 오리진'을 설립했습니다. 뿐만 아니라 2016년에는 영화에 출연하기도 했는데 그 영화는 바로 〈스타트렉 비욘드〉였습니다. 거기서 외계인 역할을 맡았죠. 그는 한 언론 인터뷰에서 "우주 사업을 하기 위해서 아마존을 하고 있다"라고 말하기도 했습니다.

전기차로 유명한 테슬라의 CEO 일론 머스크 또한 이런 상상력을 가지고 있었습니다. 영화 〈아이언맨〉의 실존 인물로도 알려진 그는 자신이 그리는 미래를 실현하기 위해 스페이스X라는 우주개발 회사를 설립했습니다. 이 회사는 민간기업 최초로 2008년 팰컨1(Falcon1)이라는 액체연료 로켓을 지구 궤도로 쏘

· **팰컨9의 발사와 회수**

자료: www.youtube.com

아 올렸습니다. 특히 일론 머스크는 로켓의 재활용에도 성공을 했는데요. 그는 2017년 3월 한 번 발사하고 회수한 팰컨9을 다시 발사했고, 이로 인해 로켓 제조와 발사 비용이 최대 90% 가까이 절감되었습니다.

사실 그는 로켓 회수를 위해 그간 많은 시도를 했습니다. 로켓 회수는 2015년 12월 처음 이루어졌는데요, 2017년 초까지 13번의 로켓 회수 시도 중 총 8번 성공했습니다.

보통 로켓을 발사하는 데 비용이 6천만 달러가 소요되는데 이를 재활용할 수 있다면 엄청난 비용이 절감될 수 있겠죠. 예를 들어 이 로켓을 10번만 재활용할 수 있다 하더라도 비용은 6천만 달러까지 내려갑니다. 그러면 어떻게 될까요? 우리가 꿈에 그리던 우주 여행에 한 발 더 다가설 수 있겠죠.

이처럼 상상력은 우리가 미래를 이끌어 나가는 데 더없이 좋은 역할을 합니다. 스페인의 유명한 산업 디자이너 하이메 아욘은 "저는 무슨 작업을 하든, 매일 아침 일어나서 '0에서 시작한다'고 되뇝니다"라고 말했습니다.[35] 이 말이 무슨 뜻일까요? 2014년 미국 〈타임〉지에 가장 창의적인 아이콘으로 선정되기도 한 그가 왜 아침마다 0에서 시작한다고 했을까요? 그건 우리가 현재의 모습만 본다면 어떤 일을 하든 불가능하게 느껴질 수 있기 때문입니다.

누군가 앞으로는 사람들이 화성에 가서 살 수 있는 방법이 있을 거라고 말한다고 하면, 사람들은 뭐라고 대답할까요?

"그게 언제인데?"

"그게 정말로 가능해? 말도 안 되는 소리야."

이와 같이 눈앞의 모습만 본다면 아무리 좋은 기술을 가지고 있다고 해도 어떤 것도 이룰 수 없습니다. 앞으로 여러분에게 필요한 것은 '나는 얼마나 큰 꿈을 가지고 있는가'입니다. 그리고 그 꿈은 여러분의 상상력에 달려 있는 것이죠.

세상은 정말 빠르게 돌아가고 있습니다. 빠르게 돌아가는 세상에서는 앞으로 세상이 어떻게 바뀔 것인지를 상상하고 그에 필요한 지식이 무엇인지를 생각해보는 자세가 중요합니다.

'기술+인문학'으로
통합적 사고가 필요해요

⚙️ 인문학으로 새로운 관점을 익힌다면?

미래사회를 헤쳐 나가기 위해 상상력과 더불어 또 무엇이 필요할까요? 아마 대부분의 사람들은 이런 질문에 인공지능, 빅데이터, 로봇 등 4차 산업혁명 관련 기술을 이야기할 텐데요, 맞습니다. 4차 산업혁명의 시대에 사는 우리가 관련 기술을 안다는 것은 분명 중요한 일이죠. 하지만 그것보다 더 중요한 것이 있습니다. 바로 인문학입니다.

과거부터 지금까지 인문학은 역사와 함께했습니다. 분명 사회가 다양한 기술에 의해 발전했음에도 불구하고 인문학은 죽지 않고 우리 곁에 남아 있습니다. 반면 기술은 계속해서 새로운 기술에 의해 대체되었죠.

· 인문학과 기술의 교차로

　기업에 인문학 열풍을 불게 했던 사람이 있습니다. 바로 애플의 창업자 스티브 잡스입니다. 지금 그는 우리 곁에 없지만 앞으로 우리가 미래사회를 대비하는 데 있어 무엇이 가장 필요한지를 알려준 사람이었습니다.

　그는 아이패드를 처음 선보일 때 어떻게 애플이 지금의 자리에 섰는지를 알려주었습니다. 그는 '인문학(Liberal Arts)'과 '기술(Technology)'이 서로 다른 방향을 가리키는 표지판을 화면에 띄우고 다음과 같이 말했습니다.

　"애플이 아이패드 같은 제품을 만들 수 있었던 이유는 우리가 항상 기술과 인문학의 교차로에 서 있으려고 노력했기 때문입니다."

　아이폰4 출시 때에는 "애플은 단지 기술기업이 아닙니다. 그 너머에 있는 기업입니다"라고 말하기도 했습니다. 매킨토시, 토이스토리, 아이튠즈, 아이팟, 아이폰, 아이패드 등 그가 남긴 창의적 결과물은 너무나도 많습니다. 그렇다면 그는 왜 인문학을 강조했을까요?

그 이유는 어떤 미래사회가 오더라도 사람이 중심이 될 수밖에 없기 때문입니다. '사람을' 이해하지 못하는 기술기업은 살아남을 수가 없기 때문이죠. 그래서 종종 애플을 기술기업이 아닌 디자인 회사라고 부르기도 합니다. 기술보다 사람을 위한 디자인에 중점을 두기 때문이죠.

사실 2005년 6월 12일 스탠포드대학교 졸업식 축사에서도, 그가 리드칼리지에서 들었던 서체 강좌가 맥킨토시라는 컴퓨터를 개발할 때 어떤 영향을 미쳤는지 말하기도 했죠

"당시 리드칼리지 대학교에는 이 나라 최고의 서체 강좌가 있었습니다. 캠퍼스 곳곳에 붙은 포스터와 서랍에 붙어 있는 라벨은 모두 아름다운 필체로 적혀 있었습니다. 자퇴한 저는 정규 강의를 들을 필요가 없었기에, 서체 강좌를 수강해서 이것을 배우겠다고 결심했습니다. 저는 삐침이 있는 글꼴과 없는 글꼴에 대해 배웠고, 서로 다른 문자들을 조합하면서 자간을 조절하는 법도 배웠으며, 좋은 글꼴의 조건에 대해서도 배웠습니다. 거기에는 아름다움과 역사와 예술적 섬세함이, 과학이 매료시키지 못할 방식으로 배어 있었습니다. 저는 그것에 매혹되었습니다. 이렇게 배운 것들이 제 인생에서 실제로 활용되리라는 희망조차 없었습니다. 그러나 10년 후, 저희가 최초의 매킨토시 컴퓨터를 설계할 때 이 모든 것들이 제게 되살아났습니다. 그리고

저희는 모든 것들을 맥의 디자인에 포함시켰습니다. 맥은 아름다운 글꼴을 가진 최초의 컴퓨터였습니다. 제가 대학에서 바로 그 강의를 청강하지 않았더라면, 맥은 그렇게 다양한 글꼴을 지니거나, 자간이 비례적으로 조절되는 서체를 가질 수 없었을 겁니다."[36]

지금 우리는 다양한 IT 기술을 배우려고 노력하고 있습니다. 하지만 IT 기술은 이런 인문학과 같이 움직여야 제대로 활용할 수가 있습니다. 페이스북의 CEO인 마크 저커버그 또한 인문학에 관심을 가졌다고 합니다. 그는 하버드대학교에서 컴퓨터공학을 공부했지만 심리학을 복수 전공했고 어렸을 때부터 그리스 로마신화, 고대역사, 문학 등에 관심이 많았다고 합니다.[37]

글로벌 기업인 인텔은 미래 컴퓨터와 관련된 기술을 예측하기 위해 '상호작용 및 경험 연구소'를 운영하고 있습니다. 그런데 이 연구소에는 IT 관련 전공자만 있는 것이 아닙니다. 미래 예측을 위해 인류학자, 심리학자, SF 소설작가, 디자이너까지 다양한 경험과 지식을 가진 사람들이 있습니다.

⚙️ 왜 기술은 인문학을 요구할까?

미래는 단순히 기술만으로 움직이지 않습니다. 지금은 수많은 IT 기술이 우리 사회를 움직이는 것처럼 보이지만 그 밑에는 다양한 인문학적 요소들이 존재하는 것이죠. 기술이 계속 발달하더라도 그 기술을 어떻게 활용할 수 있는지에 대한 연구가 없다면 기술은 쓸모가 없기 때문입니다.

지금 우리가 사용하는 스마트폰에는 수많은 앱과 기술이 적용되어 있습니다. 그런데 여러분들은 그 많은 기능과 앱을 모두 활용하고 있나요? 그렇지 않죠. 대부분 사람들은 스마트폰의 일부 기능만 사용합니다.

앞서 말한 스티브 잡스가 강조한 것도 이런 것입니다. 기술보다 더 중요한 것은 사람이고, 사람을 이해함에 있어 인문학이 바탕이 되는 것이죠. IMB의 파트너사인 블루울프Bluewolf의 CEO 에릭 베리지Eric Berridge는 "왜 기술이 휴머니티를 필요로 하는가Why tech needs the humanities"라는 TED 강연에서 인문학의 중요성을 강조하기도 했습니다.

그가 기술 기업을 운영하면서도 인문학을 강조한 이유는 무엇일까요? 첫째로 무엇보다 지금은 기술을 손쉽게 배울 수 있기 때문입니다. 사실 지금은 초등학생들도 코딩을 배울 정도로 기술을 배우기 쉬운 환경이 조성되어 있습니다. 뿐만 아니라 이런 기술을 조금 더 쉽게 배울 수 있는 다양한 툴도 많이 존재하죠. 게다가 세계 유수의 대학의 강의를 손쉽게 들을 수도 있고, 유튜브를 통해 기술과 관련된 내용을 쉽게 풀어 설명한 영상도 많이 있습니다.

이제는 인터넷에 접속할 수 있는 환경에만 살고 있다면 내가 알고자 하는 모든 것을 바로 그 자리에서 배울 수가 있습니다.

두 번째로는 스티브 잡스가 이야기했듯이 결국 모든 기술은 사람을 위한 것이기 때문입니다. 그리고 우리는 사람들과 같이 일을 하죠. 아무리 좋은 기술이 적용된 제품이라도 사람들이 사용하지 않으면 그 제품은 좋은 제품이 아닙니다. 좋은 제품이란 사람들이 재미있고 손쉽게 사용할 수 있어야 하기 때문입니다.

지금 우리가 인공지능에 열광하는 이유도 사람들이 할 수 없는 혹은 하기 어려운 일을 손쉽게 해주기 때문이지 않을까요? 사람이 운전을 하다 보면 실수로 사람을 보지 못해 사고를 낼 수 있는데, 그런 것을 인공지능과 빅데이터 등의 기술이 방지해줄 수 있기 때문이지 않을까요?

어쩌면 지금은 기술과 인문학의 균형이 중요한 시기일지도 모릅니다. 사람을 무시한 기술의 발달이 있어서도 안 되고, 기술을 무시하고 인문학만 강조해도 안 되겠죠. 아무리 좋은 기술도 사람이 중심에 있지 않다면 무용지물에 불과합니다.

직업 찾기보다 창직을 해보면 어떨까요?

⚙ 직업은 언젠가 사라진다?

과거부터 지금까지 사람들의 삶을 살펴보면, 정말 다양한 직업들이 있었습니다. 그런데 그 직업들이 영원히 존재하는 것은 아닙니다.

그 이유는 무엇일까요? 사회가 발달하면 그에 맞게 필요한 직업과 필요 없는 직업들이 생기기 때문입니다. 그렇다면 앞으로는 어떤 직업이 생기고, 어떤 직업이 사라지게 될까요?

ILO의 '일의 미래'라는 보고서는 다양한 기관의 자동화로 인해 많은 사람들이 일자리를 잃을 위험에 처할 수 있다고 말하고 있습니다.[38]

- 미국 노동자 47%가 자동화에 의해 일자리를 잃을 위험이 있다.(2015년)
- 개도국 일자리의 3분의 2가 자동화될 위험에 있다.(2016년)
- 기계에 의해 완전히 대체되는 직종은 전체의 5% 미만이나 전체 직종의 약 60% 정도는 자동화 가능한 일자리를 30% 정도 포함한다.(2017년)
- 기업의 약 50%가 2022년까지 자동화로 인해 정규직 인력이 감소할 것이라 예상한다.(2018년)

더욱이 2017년 발간된 OECD의 〈컴퓨터와 스킬 수요의 미래 Computers and the Future of Skill Demand〉라는 보고서를 보면, 62%의 노동자가 보유하고 있는 스킬은 컴퓨터도 할 수 있을 것이라고 합니다.[39]

더 큰 문제는 컴퓨터보다 일을 더 잘할 수 있는 노동자는 13%에 불과하다는 것이죠. 그러면 사람이 일할 수 있는 분야는 없는 것일까요?

다음 페이지의 자료를 보면 2개의 직업군이 있습니다. 직업군 I과 직업군II는 어떤 차이가 있을까요? 우리가 지금까지 미래 기술에 대해 살펴봤었는데요, 미래사회의 모습을 생각해보면서 한번 이 2개의 직업군이 어떤 특징을 가지고 있는지 생각해보세요.

· **직업군 I**

통신서비스 판매원	고무 및 플라스틱 제품 조립원
텔레마케터	가구조립원
인터넷 판매원	기타 목재 및 종이 관련 기계조작원
사진인화 및 현상기 조작원	구두 미화원
관세사	출납창구 사무원
무역 사무원	운송 사무원
전산 자료 입력원 및 사무 보조원	섬유제조 기계조작원
경리 사무원	회계사
상품 대여원	세무사
표백 및 염색 관련 조작원	신발제조기 조작원 및 조립원

· **직업군 II**

영양사	컴퓨터 강사
전문 의사	기타 종교 관련 종사자
장학관·연구관 및 교육 관련 전문가	성직자
보건의료 관련 관리자	화학공학 기술자 및 연구원
중고등학교 교사	섬유공학 기술자 및 연구원
학습지 및 방문 교사	가스에너지 기술자 및 연구원
컴퓨터시스템 설계 및 분석가	건축가 및 건축공학 기술자
특수교육 교사	환경공학 기술자 및 연구원
약사 및 한약사	
기타 전문서비스 관리자	

어떤 차이가 있는지 찾았나요? 정답을 이야기해보면, 직업군 I 은 인공지능이나 로봇의 등장으로 사라질 위험이 높은 상위 20대 직업입니다. 반면 직업군 II 는 하위 20대 직업입니다. 이 결과는 국내 유명 연구원이 인공지능에 의한 일자리 위험 진단을 한 결과인데요,[40] 물론 직업군 II 에 있는 직업 중에도 언젠가는 사라질 가능성이 있는 직업도 있습니다.

그럼 직업군 I 에 있는 직업을 한번 볼까요? 통신서비스 판매원, 텔레마케터, 인터넷 판매원 등 주로 판매 관련 직업이 많죠. 이런 직업들은 나중에 인공지능 챗봇이나 로봇에 의해 대체될 가능성이 높지 않을까요? 제품이나 서비스를 구매할 때 꼭 사람만이 설명할 필요가 없을 수도 있으니까요. 때론 사람보다 챗봇이나 로봇이 더 설명을 잘해줄 수도 있지 않을까요?

아직은 그 정도까지 기술이 발달하진 않았지만 일부 서비스 같은 경우에는 챗봇으로 이루어진 경우도 많이 있습니다. 또 앞서 로봇 호텔에서도 봤듯이 로봇으로도 충분히 서비스가 가능한 경우가 많습니다.

사라질 위험에 처한 직업에는 전문직도 있습니다. 회계사나 세무사를 보면 알 수 있죠. 전문직이라도 인공지능이 해당 분야에 대한 충분한 학습이 가능하다면, 사라질 가능성이 높습니다.

반면 감성적 소통이나 고도의 전문지식이 필요한 직업들은 아직까지 인공지능이나 로봇의 위협이 다소 약해 상대적으로 사라질 위험이 낮습니다.

물론 인공지능 기술이 고도화되면서 인공지능이 사람의 감성을 이해하는 분야로까지 진출하고 있지만 아직까지는 사람을 대체하기는 어려운 상황입니다. 그림을 그리고 소설을 쓰는 것은 기계적으로 할 수 있다 하더라도 실제 사람의 마음을 이해하고 이야기를 들어주는 것은 다른 문제이기 때문입니다.

⚙ 미래에는 어떤 직업이 필요할까?

지금 이야기한 직업들이 사라진다고 해서 우리가 앞으로 일할 수 있는 분야가 줄어드는 것은 아닙니다. 왜냐하면 기술의 발달에 따라 그에 필요한 직업이 새롭게 생겨나기 때문이죠. 실제로 경제학자인 데이비드 오토는 "자동화는 우리 직업을 빼앗을까?Will automation take away all our jobs?"라는 TED 강연에서 기술의 발달에 따른 자동화가 단기적으로는 현재의 일자리를 사람으로부터 빼앗을 수 있지만, 새로운 일자리를 창출할 수 있다고 말했습니다.

간단히 생각해볼까요? 전화기라는 것이 발명되면서 텔레마케터라는 직업이 생긴 것처럼 말이죠. 또 인공지능, 빅데이터란 새로운 기술이 등장하면서 이와 관련된 전문가가 생기고 있죠. 또 다른 분야를 한번 볼까요? 컴퓨터라는 것이 없었다면 컴퓨터 강사라는 직업이 있었을까요? 이처럼 새로운 기술의 등장은 새로운 직업을 만들어낼 수밖에 없습니다.

그렇기 때문에 현재 우리 주변에서 볼 수 있는 직업을 꿈꾸는 것도 좋지만 여러분이 새로운 직업을 만들 수 있다면 더 좋지 않을까요? 프로게이머란 직업도 과거에는 없었지만 컴퓨터가 대중화되고 사람들이 컴퓨터를 통해 다양한 사람들과 함께 게임을 즐길 수 있게 되면서 생긴 것처럼 말이죠. 직업이라는 것은 고정된 것이 아닙니다. 언제든지 사라질 수 있고 또 기존 직업이 새로운 형태로 나타날 수도 있죠.

만약 우리가 미래에 가상현실을 지금 컴퓨터하듯이 자연스럽게 즐길 수 있다면, 가상현실 속 연예인이란 직업도 당연히 나오지 않을까요? 미래는 이렇듯 적극적으로 우리가 만들어 가는 것입니다.

2018년 한국직업능력개발원에서 발행한 〈제4차 산업혁명 시대 미래 직업 가이드북〉에는 미래 직업 트렌드로 초연결 초지능화, 저출산 고령화, 세계화, 소비의 고도화, 자원경쟁과 지구온난화, 위험의 일상화, 하이터치의 시대라는 7가지 트렌드를 제시하고 다양한 테마에 따른 미래 직업에 대해 설명하고 있습니다. 테마는 로봇, 바이오, 연결, 안전, 에너지, 놀이, 건강, 의식주, 디자인 등 총 9가지입니다. 이 9가지 테마별 직업은 다음과 같습니다.

· 9가지 테마별 미래 직업

테마	미래 직업	역할
로봇 개인특성	로봇 공학자	모든 분야에서 사람을 위해 일을 해주는 로봇을 제작해요
	인공지능 전문가	스스로 사고하고 추론하는 능력을 가진 컴퓨터를 개발해요
	무인 자동차 엔지니어	운전자의 조작 없이도 스스로 도로 상황을 파악해 목적지에 도착할 수 있어요
	드론 전문가	원격 조정으로 촬영뿐만 아니라 운송까지 가능해요
	로봇 윤리학자	인간을 위해 로봇들이 지켜야 하는 행동 규범을 만들 생체 인식 전문가예요
바이오	생명공학자	생물체의 현상과 원리를 연구해 인간 생명에 도움되는 일을 해요
	바이오 의약품 개발 전문가	생명체에서 얻은 물질을 이용해 인간을 치료하는 약을 개발해요
	생물 정보 분석가	인간은 물론 동·식물의 유전자 속 정보를 수집하고 분석해요
	생체 인식 전문가	사람 몸의 특정 부분을 이용해 비밀번호 장치를 만들어요
연결	사물인터넷 전문가	모든 사물에 인터넷을 연결해 새로운 가치나 서비스를 창출해요
	사이버 평판 관리자	온라인 세계에서 좋은 이미지를 구축하고 문제를 해결해요
	크라우드 펀딩 전문가	소셜 미디어나 인터넷을 활용해 자금을 모으는 크라우드 펀딩을 해요
	빅데이터 전문가	빅데이터를 분석하면 새로운 것들을 발견하고 미래를 예측할 수 있어요
	클라우드 시스템 엔지니어	언제 어디서나 필요할 때 다양한 기기를 편리하게 사용할 수 있게 해요
	항공우주공학자	하늘을 무대로 항공기, 우주선, 로켓, 인공위성을 연구하고 개발해요

안전	정보 보호 전문가	정보 보호 수준을 진단하고 중요한 정보를 보호하기 위한 해결방안을 제시해요
	디지털 포렌식 수사관	휴대폰·PC·서버 등에서 데이터를 수집하고 분석하여 범죄 수사에 활용해요
	블록체인 전문가	누구도 정보를 조작할 수 없도록 하는 블록체인 기술을 개발해요
	스마트 재난 관리 전문가	스마트 기기를 활용해서 재난을 효과적으로 대응해요
	지식재산 전문가	특허, 브랜드, 디자인 등 지적 활동으로 발생하는 지적재산을 보호해줘요
에너지	신재생에너지 전문가	지구를 살리는 착한 에너지, 자연에서 찾아요
	기후변화 대응 전문가	기후변화를 예측하고 대응하기 위한 대책을 내놓아요
	스마트 그리드 엔지니어	값비싼 전기를 효율적으로 생산하고 소비하는 일을 책임져요
	해양 에너지 기술자	바다에서 전기를 낚아 올려요
놀이	게임기획자	누구나 쉽게 즐길 수 있는 게임을 만들어요
	문화 콘텐츠 전문가	다양한 콘텐츠로 문화를 만들어요
	드론 콘텐츠 전문가	드론으로 다양한 콘텐츠를 만들어요
	개인 미디어 콘텐츠 제작자	영상 콘텐츠로 내가 표현하고 싶은 것들을 만들어요
	게임 방송 프로듀서	게임 방송 프로그램을 만들어요
	디지털 큐레이터	인터넷에서 내가 원하는 정보를 찾아주는 일을 해요
	반려동물 훈련·상담사	반려동물의 문제 행동을 바로잡을 수 있도록 도와줘요
	해양 레저 전문가	해양에서 할 수 있는 레저 활동을 만들어요
	여행 기획자	새 여행지를 찾아내고 여행 상품을 개발해요
	스포츠 심리 상담원	운동선수들의 마음 건강을 보살펴요

	의료 기기 개발 전문가	환자의 건강 증진을 위해 의료 기기를 설계하고 개발해요
	노인 전문 간호사	노인들의 건강관리를 책임져요
건강	헬스 케어 컨설턴트	건강관리를 체계적으로 하도록 도와줘요
	노년 플래너	노후를 건강하고 행복하게 보낼 수 있도록 설계해줘요
	원격진료 코디네이터	정보 통신 기술을 이용해서 멀리 떨어진 환자와 의사를 연결해줘요
	스마트 의류 개발자	온도 조절 척척!, 의류와 IT가 만나서 새로운 세상을 열어요
	스마트 팜 구축가	농작물을 언제 어디서든지 관리할 수 있는 지능화된 농장을 만들어요
의식주	정밀 농업 기술자	식량부족 시대의 새로운 대안은 정밀 농업에 있어요
	곤충 음식 개발자·조리사	인류의 미래 먹거리를 책임지는 일을 해요
	스마트 도시 전문가	시민들이 편하게 생활할 수 있는, 보다 똑똑하고 효율적인 도시를 만들어요
	도시 재생 전문가	낡고 오래된 도시에 새 생명을 불어 넣어요
	캐릭터 디자이너	애니메이션, 만화, 게임, 상품 등의 주인공을 디자인해요
	UX 디자인 컨설턴트	웹이나 애플리케이션 사용자들의 편리한 경험을 디자인해요
디자인	가상현실 전문가	IT 기술과 디자인으로 상상의 세계를 현실로 표현해요
	홀로그램 전문가	빛으로 마술 같은 3차원 영상을 만들어요
	3D 프린팅 전문가	제조 분야의 혁명! 개인이 원하는 단 하나의 맞춤형 제품을 제작해요

총 50개의 직업이 있는데, 여러분은 얼마나 알고 있나요? 대부분 10개 내외일 겁니다. 미래에는 우리가 알고 있는 것보다 훨씬 더 많은 직업들이 또 생겨날 것입니다. 여러분이 관심 있는 분야를 중심으로 다양한 직업들을 살펴보면서 또 어떤 새로운 직업이 탄생하게 될지 한번 생각해보세요.

예를 들어 우리가 로봇이라고 하면 대부분 '로봇공학자' 같은, 로봇을 만드는 사람만 생각합니다. 하지만 미래 직업에서도 봤듯이 로봇이 우리 생활 깊숙이 들어올수록, 또 로봇이 인간과 유사해질수록 로봇에 대한 윤리적 문제가 생기죠. 그래서 로봇 윤리학자 같은 미래 직업이 생겨날 수 있습니다.

또 미래 직업 중에 곤충 음식 개발자·조리사 같은 것은 우리에게 생소한 직업인데요. 세계 인구는 증가하고 있고 지구 환경은 점점 파괴되고 있는 상황 때문에 미래의 먹거리가 이슈가 되고 있습니다. 그래서 식용 곤충을 활용한 다양한 먹거리를 개발하고 요리하는 개발자나 조리사도 고민해볼 수 있는 것이죠.

지금부터 앞으로 우리 눈앞에 펼쳐질 다양한 미래 모습을 상상하며 다양한 미래 직업을 찾아보세요. 그러면 우리 주변에 일어나는 일들에 대한 호기심이 커지고 세상을 보는 눈이 더 넓어질 것입니다.

10대인 여러분은
세상을 어떻게 바꾸고 싶나요?

⚙ 눈앞의 모습보다는 미래에 집중한다면?

"미래를 기다려서는 안 되며, 미래는 우리 스스로 만들어야 하는 것이다."

이 문장은 프랑스의 사상가 시몬 베유가 한 말입니다. 사람들은 대개 어떤 일을 할 때 그 일을 할 수 있는 환경이 될 때까지 기다리는 경우가 많습니다. 어떻게 보면 합리적이라고 할 수 있습니다. 하지만 기다리다 원하는 환경이 조성되지 않으면 어떻게 될까요? 대부분 포기합니다.

시몬 베유가 말했듯이 미래는 우리가 적극적으로 만들어가는 것입니다. 소극적으로 기다리다 보면 내가 원하는 것을 놓칠 가능성이 높습니다.

10대인 여러분이 어떤 꿈을 가지고 있는데, 지금 자신이 처한 환경 때문에 그 꿈을 실현할 수 없다고 해서 그 꿈을 위한 노력과 열정을 포기한다면 꿈은 말 그대로 꿈에 그칠 가능성이 높습니다.

우리가 미래기술에 대해 알아가는 것도 사실 여러분이 꿈꾸는 세상을 만들고 싶기 때문입니다. 그 세상에서 멋진 미래를 만들고 싶은 것이죠.

하지만 우리는 여전히 그런 꿈보다는 눈앞의 공부, 직업에만 집착합니다. 그러다보니 자신이 정말 원하는 것이 뭔지 모르는 경우가 많습니다.

교육부와 한국직업능력개발원이 매년 진로 교육 현황을 조사하는데요. 초등학생의 20.1%가 '미래 희망 직업이 없다'라고 답했다고 합니다. 중학생과 고등학생은 어땠을까요? 중학생은 33.3%, 고등학생은 23.3%가 '미래 희망 직업이 없다'고 응답했습니다. 이처럼 우리 사회는 여전히 많은 10대들이 자신이 원하는 직업이 없는 경우가 많습니다.

그렇다면 희망하는 직업은 무엇일까요? 초·중·고등학생의 희망 직업을 보면, 초등학생은 1위가 운동선수, 2위가 교사, 3위가 크리에이터로 나타났습니다. 중학생은 교사, 의사, 경찰관, 고등학생은 교사, 간호사, 생명·자연과학자 및 연구원이라고 답했습니다.

• 초·중·고등학생의 희망직업 변화

	초등학생		중학생		고등학생	
	2019년	2020년	2019년	2020년	2019년	2020년
1위	운동선수	운동선수	교사	교사	교사	교사
2위	교사	의사	의사	의사	경찰관	간호사
3위	크리에이터	교사	경찰관	경찰관	간호사	생명·자연과학자 및 연구원
4위	의사	크리에이터	운동선수	군인	컴퓨터공학자/소프트웨어개발자	군인
5위	조리사(요리사)	프로게이머	뷰티디자이너	운동선수	군인	의사
6위	프로게이머	경찰관	조리사(요리사)	공무원	생명·자연과학자 및 연구원	경찰관
7위	경찰관	조리사(요리사)	군인	뷰티디자이너	건축가건축디자이너	컴퓨터공학자/소프트웨어개발자
8위	법률전문가	가수	공무원	간호사	항공기승무원	뷰티디자이너
9위	가수	만화가(웹툰작가)	컴퓨터공학자/소프트웨어개발자	컴퓨터그래픽디자이너일러스트레이터	공무원	의료·보건관련직
10위	뷰티디자이너	제과·제빵사	간호사	조리사(요리사)	경영자/CEO	공무원

222

이 결과를 보면 어떤 생각이 드나요? 우리는 분명 학교를 다니면서 "미래사회는 이런 모습일 것이다"라는 이야기를 많이 듣습니다. 그뿐 아니라 책, TV 등을 통해 미래사회는 지금과는 다를 것이라는 이야기도 많이 듣죠. 그런데 여러분이 꿈꾸는 직업은 과거와 크게 다르지 않습니다.

최근 크리에이터 같은 새로운 직업이 나타났지만 이 또한 유튜브에 대한 사람들의 관심이 식으면 사라질 가능성이 높습니다. 메타버스가 더 확산된다면 유튜브 크리에이터가 아닌 가상 인플루언서가 유행하지 않을까요? 다행히 중학생과 고등학생의 희망직업 TOP10에 컴퓨터 관련 직업이 있습니다.

⚙️ 여러분은 세상을 어떻게 바꾸고 싶은가요?

여러분이 미래기술을 공부하더라도 세상이 어떻게 변할지 상상해보지 않고 단순히 '공부한다'는 생각으로 미래기술을 이해한다면, 희망 직업은 앞으로도 큰 변화가 없을 가능성이 높습니다. 한 인터넷 사이트에는 중학생의 진로 고민에 대한 글이 올라와 있습니다.[41] 내용을 한번 볼까요?

"그저 공부만 해와서 꿈을 잘 모르겠습니다. 진로가 너무 불투명해서 걱정입니다. 개인적으로 문과를 가고 싶습니다. 부모님은 취업이 잘 되니 이과를 바라고 있으나 저랑 너무 안 맞습니다. 수리능력도 그렇고 과학도 그렇고…. 심지어 과학은 최악입니다. 저는 국어를 좋아하지만, 문학은 안 좋아하고 문법을 좋아합니다. 밖에 나가는 걸 그다지 좋아하지 않고 집에만 있는 걸 더 선호합니다."

글을 보면, 꿈을 잘 모르겠고 부모님과 자신이 원하는 방향이 다르다는 것을 알 수 있는데요. 우리는 지금까지 자신의 꿈을 이야기할 때 보통 자신이 어떤 과목을 '잘한다' '못한다'로만 판단합니다. 물론 그 말도 맞지만 사실은 정말 자신이 하고 싶은 일이 무엇인지 아는 것이 더 중요합니다. 혹은 자신이 어떤 일을 할 때 정말 즐거운지를 생각하는 게 더 중요하죠. 그래야 거기에 맞춰서 자신이 원하는 진로를 생각할 수 있기 때문입니다.

우리가 미래사회를 대비할 때는 더 그렇습니다. 내가 무슨 과목을 잘하는지, 못하는지보다 내가 앞으로 무엇을 하고 싶은지를 생각하고, 거기에 필요한 지식이 있다면 그 지식을 배우기 위해 대학교를 갈 수도 있고 아니면 또 다른 길을 선택할 수도 있는 것입니다. 페이스북 CEO 저커버그는 직원 채용시, 다음과 같은 질문을 한다고 합니다.

"당신은 세상을 어떻게 바꿀 수 있는가?"

여러분은 자신에게 꿈과 관련해 어떤 질문을 던지고 있나요? 이 책을 여기까지 읽었다면 한번 여러분이 그리는 미래의 모습 속에서 여러분은 어떤 일을 하고 있는지 상상해보세요. 그러면 여러분이 생각하는 미래가 정말 현실로 다가올 것입니다.

이 책에서 계속 말했지만 앞으로 살아갈 세상은 지금과는 완전히 다른 세상이 될 가능성이 높습니다. 20년 전에도 그랬거든요. 과거보다 더 빠르게 세상이 변하니 더 그렇겠죠. 지금 여러분이 집중해야 할 건 눈앞에 펼쳐진 세상이 아닙니다. 여러분의 상상력에 의해 만들어질 미래의 세상입니다.

그러다 보면 저크버그의 질문에 대답을 할 수 있지 않을까요? 그 답이 이 책을 마치는 순간, 생각난다면 더 좋겠습니다.

미주

1 머스크 "비트코인으로 테슬라 구매 개시", 파이낸셜뉴스, 2021.03.25.

2 대세는 메타버스… 로블록스 이코노미 '눈길', 머니S, 2021.03.28.

3 오라클 요트팀 밀어준 순풍, '사물인터넷', 블로터, 2013.10.31.

4 최보성, 웨어러블 디바이스 기술 및 시장 동향, 한국성과실용화진흥원, S&T Market Report2015. 2

5 안경·반지·거울까지…의료 속 '웨어러블' 놀라운 진입 속도, 메디파나, 2021.03.24.

6 한국경제TV산업팀, 4차 산업혁명 세상을 바꾸는 14가지 미래기술, 지식노마드, 2016, pp.144-145

7 국내 병원 최초 가상현실 교육 시스템 도입, 데일리메디, 2015.11.18.

8 아마존, 무인상점 '식료품'으로 확대, 아이뉴스24, 2020.02.26.

9 Nick Wingfield, Inside Amazon Go, a Store of the Future, he New York Times, Jan. 21, 2018

10 [현장] 'CU·GS25·세븐일레븐' 빅3편의점 미래형 매장 살펴보니, 뉴스투데이, 2020.03.19.

11 김보경, 디지털 트랜스포메이션 시대, 지속 성장하는 기업의 전략, TRADE FOCUS, 2019년 41호, 한국무역협회 국제연구원, 2019.11, p. 23

12 생체인증으로 결제까지… 빅 브라더 논란 휩싸인 '아마존원', 아주경제, 2020.10.02.

13 이상기후·장거리 수송·일손 부족 걱정 끝! 애그테크 산업이 뜬다, 조선일보, 2021.03.05.

226

14   '에어로팜스' 로젠버그 대표 "물·비료 덜 써도 생산성은 390배", 매일경제, 2018.02.26.

15   crunchbase news, Peloton (Finally) Drops Its S-1, Revealing Sharply Rising Revenue And Net Lossesm, 2019.08.27., 미국 회계연도 기준

16   인사담당자들이 불공정하다 느끼면서도 면접 때 꼭 묻는 질문은?, 한국일보, 2020.01.29.

17   머니투데이방송, "코로나 무서워도 인재는 뽑아야"···언택트 채용 'AI면접' 활성화, 2020.05.04.

18   머니투데이방송, 코로나로 로봇의 사람 대체 가속화할까?, 2020.04.23.

19   https://news.kotra.or.kr

20   "서빙 로봇이 더 잘해요" 작년 216만명 일자리 잃었다, 매일경제, 2021.02.14.

21   "커피업계 '구글' 될 것"···'비트2E' 로봇카페 가보니, 이데일리, 2019.03.21.

22   코로나19 시대 '쇼핑 뉴트렌드' | 극장도 로봇이 안내 '언택트시네마' 판매자와 실시간 소통 '라이브커머스', 매경이코노미, 2020.05.08.

23   [인스타산책] 라운지엑스 - 로봇 바리스타의 드립커피, '손맛'은 어떨까, 아시아경제, 2021.01.14

24   "노인은 디지털 헬스케어를 신뢰한다, 젊은 사람보다 더", CIO, 2019.04.02.

25   진화하는 메디컬 로봇···스마트 의료시대 '성큼', 데일리포스트, 2019.03.01.

26   https://tech.hyundaimotorgroup.com

27   https://dvirnd.katri.kr

28   손짓으로 차선 바꾸고, 앞창엔 영화가··· 특허로 본 애플카의 비밀, 조선일보, 2021.03.05.

29   MIT Technology Review(2015), "Why Self-Driving Cars Must Be Programmed to Kill

30   하늘길은 장애물 없다···자율주행 플라잉카 2025년 상용화, 중앙선데이, 2019.10.12.

31   GM도 뛰어든 '플라잉카' 시장···"하늘로 옮겨간 모빌리티 경쟁", 한국일보, 2021.01.13.

32   실리콘밸리 Me세대 "외로움도 고민도 챗봇과 대화로 해결", 한국일보, 2019.07.04.

33 "도자기 피부 2년 뒤면…" 유전자 검사로 처방까지 해준다, 조선일보, 2019.06.03.

34 '종이 시대의 거인' 브리태니커 백과사전 출판 244년만에 중단, 한겨레신문, 2012. 03. 14.

35 "아침마다 O 떠올려… 창의력 門은 그때 열린다", 조선일보, 2020.12.31.

36 스티브 잡스: 스탠퍼드대 졸업식 축사, 월간조선, 2012

37 스티브 잡스의 교훈…'인문학과 IT의 결합', 조선비즈, 2011.08.26.

38 고용노동부, ILO 일의 미래 보고서, 2019

39 Stuart W. Elliott, Computers and the Futureof Skill Demand, Educational Research and Innovation, OECD, 2017, pp. 13-14. 노동자의 스킬은 OECD의 국제성인역량조사의 항목인 언어능력, 수리력, 컴퓨터 기반 문제해결력임

40 김건우, 인공지능에 의한 일자리 위험 진단, LG경제연구원, 2018. 5

41 http://www.edujin.co.kr/news/articleView.html?idxno=19188